KB240744

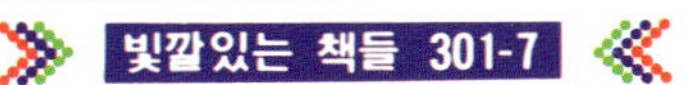

한강

글/이형석, 김주환 ● 사진/이홍배, 송일봉

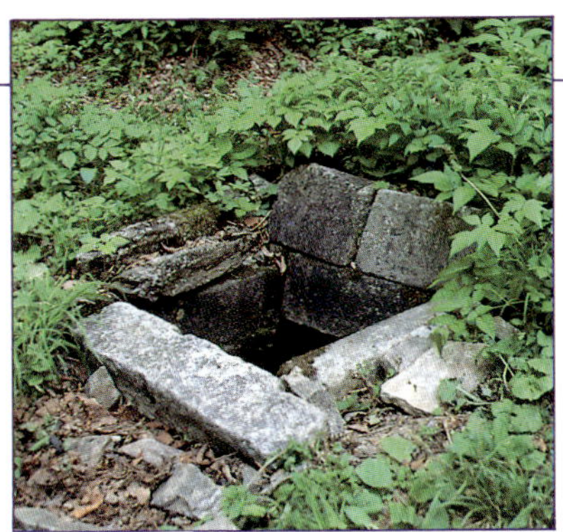

대원사

김주환 ───────────

1946년 서울 태생으로 서울사대 지리
학과 동 대학원(석사)과 연세대 대학
원 지질학과(박사)를 졸업했다. 미국
이스턴 워싱턴대학 교환 교수를 지냈
고 현재 동국대 지리교육학과 교수로
있다. 저서로는「지도학」(공저),「기
상 기후학」(공저),「공간 구조」(공
저) 등이 있다.

이형석 ───────────

1937년 전남 고흥 태생으로 광주사대
체육과와 동국대 교육대학원을 졸업
했다. 현재 한국정신문화연구원에
근무하면서 한국하천연구소 대표,
한국 땅 이름학회 부회장으로 있다.
저서로는「한국의 하천」「한국의
산하」「지명 유래집」(공저) 등이
있으며 '압록강의 명칭과 하계망
분석'(석사 논문) 등의 논문과 다수
의 지도를 제작했다.

이홍배 ───────────

1948년 충북 충주 태생으로 20여 년
동안 환경 생태 사진(식물 전반 및
야생화)을 찍었다. 현재 한국생태사
진가협회 회원이며 한국환경사진
연구소를 운영하고 있다.

송일봉 ───────────

경기도 양주 태생으로 관동대 경영학
과를 졸업했다. 현재 월간「코리안
트레블러」편집부장으로 있으면서
한국자유기고가 협회 이사를 맡고
있다.

한강

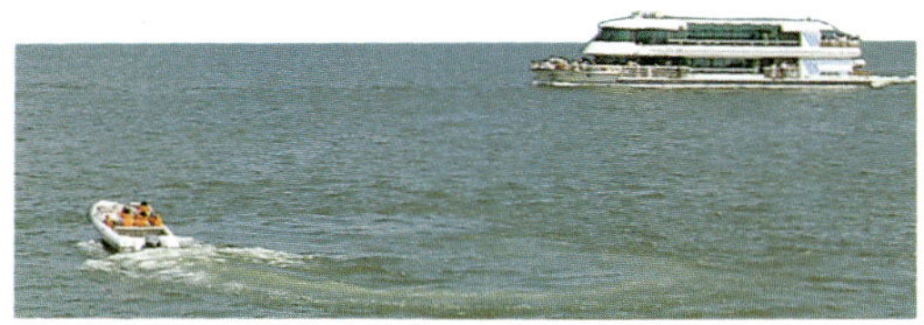

한강

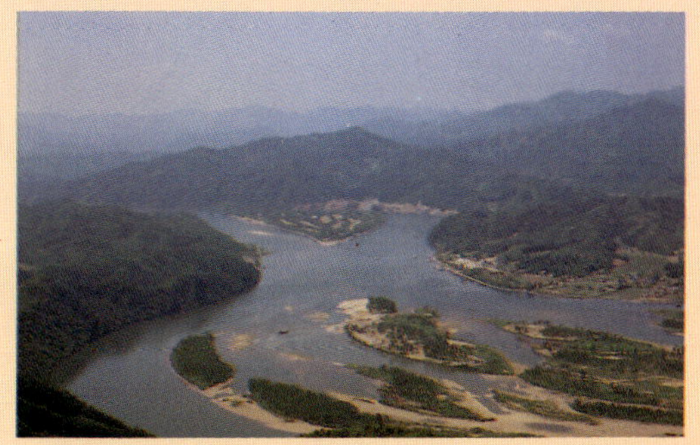

머리말

　한강(漢江)을 일컬어 우리는 '민족의 젖줄'이라고 부르는 데 주저하지 않는다. 또 우리 민족의 발전상을 표현할 때마다 '한강의 기적'이란 말도 흔히 쓴다. 그것은 한강이 바로 우리 민족에게 있어 대동맥과 같은 존재로 늘 함께 해왔음을 의미한다 하겠다.

　우리나라의 땅 모양을 살펴보면 한강이 사람의 허리와 같은 위치에 있다. 마치 허리띠를 두른 것처럼 태백산맥 산골짜기에서 시작하여 서쪽으로 도도히 흐르는 한강은 우리 민족의 영광과 고통을 함께하면서 오늘도 흐르고 있다.

　우리의 고대 역사를 보면 한강 유역을 차지하는 나라가 항상 그 시대의 주인이었다. 그것은 한강이 지정학적으로 중심적인 위치에 있고, 또 규모면에서도 유역 면적이 우리나라 강 가운데 가장 넓기 때문이다. 물론 압록강과 두만강 같은 더 큰 규모의 강이 있지만, 이 두 강은 그 절반이 중국 쪽으로 흐르는 점을 생각할 때 한강이 이들 강보다 더 넓다고 하겠다.

　한강을 이용하는 용도 또한 다양했다. 곧 조운선(漕運船)을 통한 세미(稅米)의 운송을 비롯하여 뗏목 운반, 경강(京江) 상인의 상업

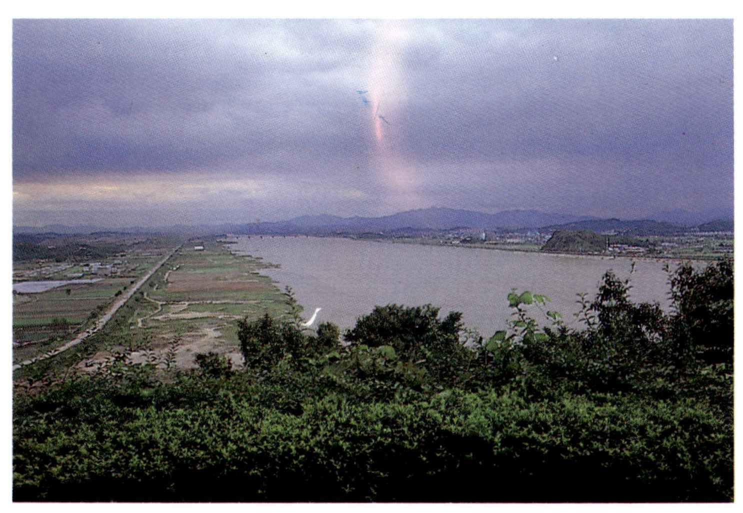

활동, 얼음의 채취 보관, 진(津)이나 나루터를 이용한 교통 및 군사적 이용, 어류 및 생태계의 활용 등이 그것이다. 그리고 현대에 와서는 우리 생명의 원천인 식수원을 비롯 농업용수, 공업용수 그리고 골재의 채취원, 한강종합개발 사업에 이르기까지 그 이용 범위는 실로 다양하고 광범위하다.

따라서 「한강」이란 책을 만듦에 있어서 이런 여러 문제들을 복합적으로 거론하고자 했으나 제한된 지면 때문에 한강의 역사, 본류와 지류의 명칭, 지질과 지형, 규모, 문화 유적과 설화 등 극히 기본적이고 일반적인 내용 소개에 그쳤다.

그러나 이런 아쉬움은 한강의 자연, 한강의 조류, 한강의 어류 등 한강과 관련된 다른 기획물들이 간행되면 다소나마 해소되리라 생각된다.

1990. 8.
이형석

한강의 역사

선사시대의 한강 유역

지구의 지질 시대는 시생대(始生代), 원생대(原生代), 고생대(古生代), 중생대(中生代), 신생대(新生代)로 나뉘는데 그 가운데 마지막인 신생대는 다시 제3기(第三紀)와 제4기(第四紀)로 구분된다. 다시 제4기는 홍적세(洪積世)와 충적세(沖積世)로 구분되는데 우리들은 현재 충적세에 살고 있으며, 충적세의 시작은 지금으로부터 약 1만 년 전쯤으로 추정하고 있다.

인류는 제3기 말에 출현한 것으로 추정하고 있는데 고고학 연구의 결과로 밝혀진 구석기 유물들은 그보다 훨씬 뒤인 홍적세 기간 동안의 인류 활동의 결과로 생긴 것들이다. 따라서 약 200만 년 전에 시작된 홍적세를 흔히 구석기시대와 동일시하기도 한다.

한강 유역에서 사람들이 살기 시작한 것은 언제부터였을까? 이 의문은 누구도 정확히 답변할 수 없으나 지금까지 고고학 연구 결과로 밝혀진 것은 대략 구석기시대부터로 보고 있다.

한강 유역에 있는 구석기시대의 유적에 대한 발굴 조사 연구는

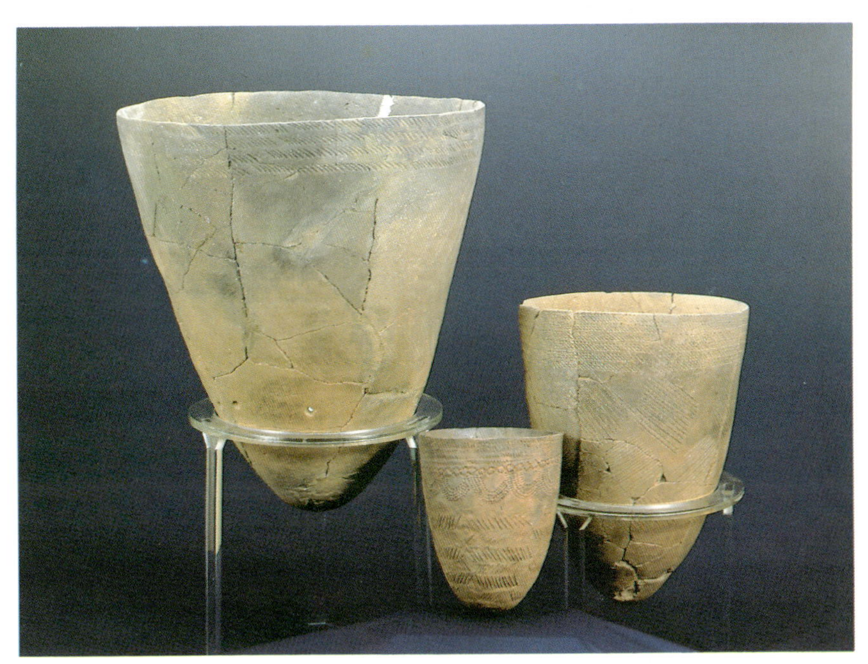

암사동 출토 빗살무늬 토기 신석기시대의 유적으로 가장 대표적인 서울특별시 강동구 암사동 유적은 1925년 을축년 대홍수 때 최초로 그 모습을 나타냈는데, 1967년부터 1983년까지 계속된 대규모 발굴 조사 결과로 신석기인이 거주했던 20여 채의 움집 터와 그 부속 시설물들을 발굴, 확인하였다.

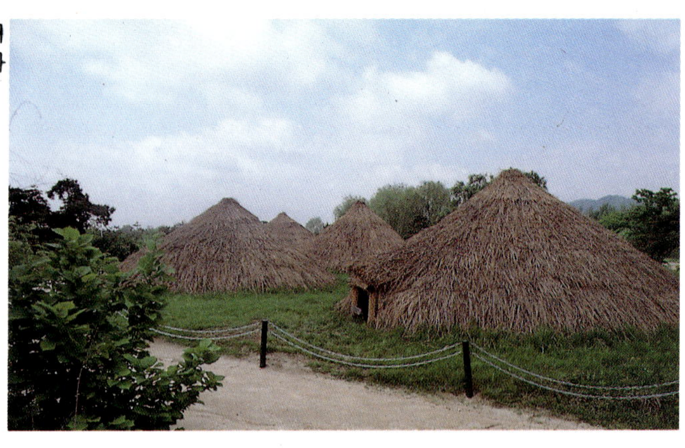

1970년대에서 1980년대에 걸쳐 서울특별시 강동구 암사동을 비롯 가락동, 강남구 역삼동, 경기도 여주읍 단현리, 가평군 청평리, 양주군 검터, 두촌, 마진, 마재, 양평군 양근리, 교평리, 송학리, 앙덕리, 매탄 등 한강 중류와 북한강 지역과 충북 제원군 사기리, 명오리, 포전리 점말과 단양군 애곡리 수양개, 도담리 금굴, 상시리 등 남한강 유역에서 수많은 구석기 유물을 발굴, 보고하고 있다.

한편 한반도의 지형이 현재와 같은 자연 환경으로 된 것은 기원전 5500년부터인 홍적세의 후빙기(後氷期)로 추정되는데 당시 서해안의 해면(海面)은 현재보다 약 7미터 정도 낮아 해안선은 지금의 해안선과는 비교가 되지 않을 정도로 바다 쪽으로 훨씬 나가 있어 지금의 인천 앞바다와 강화만의 간석지 등 주위의 많은 섬들은 대부분 육지였던 것으로 추정하고 있다. 한강 유역의 신석기 문화는 바로 이러한 후빙기의 새로운 환경에 적응하면서 정착 생활을 시작하였던 선주민(先住民)들이 남긴 문화이다.

한강은 한반도의 중심부를 동쪽에서 서쪽으로 흘러 황해로 들어가는 큰 강이다. 수량이 풍부하고 지류가 잘 발달되어 그 유역과 하구 그리고 주변의 섬들은 신석기시대 사람들의 거주지로서 알맞

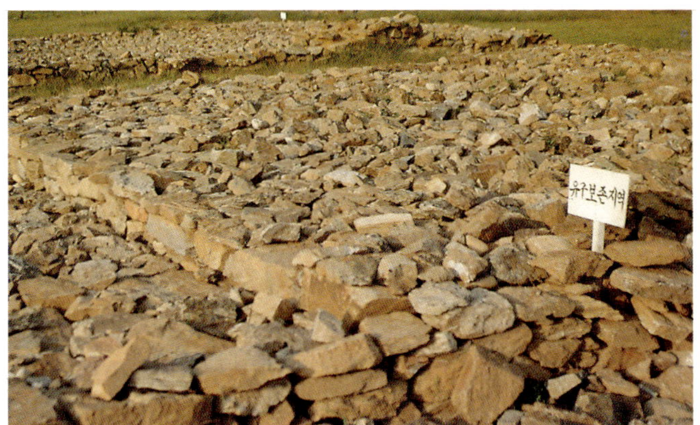

복원중인 백제 초기 적석총
5호 고분

아 지금으로부터 약 7천 년 전부터 줄곧 신석기인들의 생활 무대였
으며 곳곳에 신석기시대의 토기인 빗살무늬토기가 출토되고 있어서
이러한 사실을 증명해 주고 있다.

한강변의 신석기시대 유적으로는 강원도 춘성군 내평리를 비롯하
여 춘천시, 충북 제원군, 경기도 파주군, 고양군, 양주군, 광주군,
강화군, 옹진군, 부천시, 시흥시, 서울특별시 암사동, 망우동, 응봉동
등 40군데에서 유적이 발굴, 보고되었다.

신석기시대의 유적으로 가장 대표적인 서울특별시 강동구 암사동
유적은 1925년 을축년 대홍수 때 최초로 그 모습을 나타내었는데,
1967년부터 1983년까지 계속된 대규모 발굴 조사 결과로 신석기인
이 거주했던 20여 채의 움집터와 그 부속 시설물들을 발굴, 확인하
는데 이르렀다. 그 뒤 이곳은 한강변의 대표적인 '선사유적공원'
으로 지정되었고 신석기시대 취락지 복원과 함께 야외 전시관도
건립되었다.

수천 년에 걸친 신석기시대, 청동기시대, 초기 철기시대 등 선사시
대를 통하여 수많은 사람들이 정착, 거주하였음을 증명하는 유물과
흔적들이 한강 유역 곳곳에서 발굴되고 있다.

고려시대까지의 한강

「삼국사기」에 보면 백제는 온조왕을 시조로 하여 기원전 18년 현재 한강 북쪽의 하남 위례성에 도읍을 정하고 건국하였던 고대 삼국 가운데 하나이다. 그러나 한강 유역을 통합하고 율령(律令)을 반포하는 등 실질적인 시조로 등장한 것은 고이왕이며, 근초고왕 때 마한의 전역을 통합한 뒤 크게 발전하여 역대 31왕으로 이어지면서 660년까지 존속하였다.

백제의 전성기인 근초고왕(346~375년) 때에는 대방군의 옛 땅을 확보하고 고구려의 평양성을 공격하여 고국원왕을 살해하는 등 국위를 떨쳤다. 그러나 17대 아신왕 때(396년)에는 고구려 광개토왕의 군대에 패하여 한성을 침공당하고 한강선까지 후퇴하여 임진강 유역을 잃었다.

또 비류왕(427~455년) 때에는 고구려 장수왕의 남하 정책에 대응하여 신라 눌지왕과 나제(羅濟) 동맹을 체결, 고구려에 대항하였으나 개로왕(455~475년) 때에는 더욱 장수왕의 압력이 커졌다. 결국 고구려는 백제의 한성을 침공하여 개로왕을 패사시키고 한강 유역을 차지하였다. 이때 문주왕(475~477년)은 수도를 웅진(熊津;현재의 공주)으로 천도하였다.

고구려 장수왕의 뒤를 이은 문자왕(491~519년)은 부여를 복속시키고 고구려는 만주와 한반도에 걸친 광대한 영토를 지배하고 중국과 자웅을 겨루게 되었다. 그러나 보장왕 27년(668), 나당(羅唐) 연합군과의 싸움에 패함으로써 주몽 이래 700여 년을 이어온 고구려 왕조는 막을 내리고 한강 유역은 신라의 차지가 되었다.

신라가 모든 한강 유역을 지배하게 된 것은 6세기 중반의 진흥왕 때부터이며 7세기 후반 삼국 통일이 이루어진 뒤에도 계속되었다. 현재의 서울인 한주(漢州)는 신주(新州), 북한산주(北漢山州), 남천

주(南川州) 등으로 불리면서 군주(軍主), 도독(都督)을 두고 이곳을 다스렸다. 이 한주는 광주(廣州;治所)를 중심으로 주(州;한강 하류와 대동강 이남) 전체를 통치했는데 고구려의 북한산주는 신라 때 한양군으로 개칭되어 현재의 서울은 한양군의 소속이었다.

위와 같이 백제, 고구려, 신라가 한강 유역을 번갈아 가며 지배했는데 이는 한강 유역을 소유하면 나라가 번영했고, 상실하면 쇠퇴한 사실을 역사를 통해 알 수 있다. 그것은 한강 유역이 우리나라 중부에 위치하고 있다는 단순한 이유만이 아니라 군사적인 지리, 생산적인 풍토, 인구, 외교 등 제조건을 구비하고 있었기 때문이다.

935년 신라의 경순왕은 마지막 화백(和白) 회의를 열어 국토를 고려에 귀부(歸附)할 것을 결정하고 스스로 고려의 수도 개경(開京)에 가서 그 절차를 밟았다. 이로써 시조로부터 56대 왕, 992년을 이어 온 신라는 막을 내리고 한강 유역은 고려가 지배하게 되었다.

고려 때의 한강 유역은 양광도(楊廣道)가 위치하고, 북한강 유역에는 교주도(交州道)가 차지하고 있었다. 그리고 양광도 아래에 지방 삼경(三京;西京, 東京, 南京) 가운데 하나인 남경(지금의 서울)과 광주목(廣州牧), 충주목(忠州牧), 청주목(淸州牧)이 있었다.

한편 고려 현종 때 경기(京畿)가 설정됨으로써 한강 하류 지역은 그 관할에 들게 되었으며, 경기는 한때 개성부에 의해 지방 행정이 관장되기도 했다. 그리고 5도(道) 양계(兩界)의 제도가 성립되고 나서는 한강 유역은 양광도, 북한강 유역은 교주도가 관할하였다.

조선시대의 한강

고려가 멸망하고 1392년 이성계가 조선 왕조를 개창하면서 한강 유역인 한양에 도읍을 정했다.

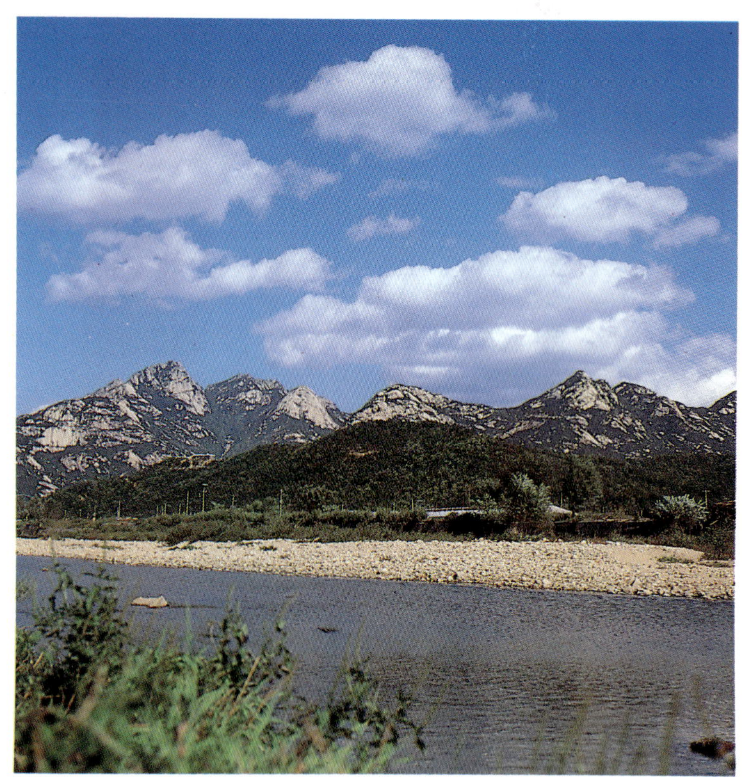

북한산과 한강 조선 왕조는 한양에 도읍을 정했다. 도읍을 한양으로 정한 뒤부터 전국의 세곡이 조운을 통하여 이곳으로 집결하였다.

「동국여지승람」 '경도편(京都編)'에 보면 "경도는 고조선의 마한 땅으로 북쪽의 진산(鎭山；삼각산, 북한산)인 화산(華山)은 용(龍)이 서리고 호랑이가 쭈그리고 앉은 형세이다. 남쪽은 한강이 옷깃과 띠처럼 둘러 있고 왼쪽으로는 널리 높은 관령(關嶺)이 연접해 있으며, 오른쪽으로는 넓은 바다로 둘러싸였으니 그 지세의 훌륭함은 동방의 으뜸이며 천연의 요새지이다"라고 했다.

태조는 즉위 3년 8월, 한강을 낀 한양을 보고 "조운(漕運)하는 배가 통하고 사방의 이수(里數)도 고르니 백성들에게도 편리할 것이다"라고 했으며, 태조가 여러 신하들과 새로운 도읍 후보지인 모악(毋岳), 한양, 도라산(都羅山) 등지를 둘러보고 개경으로 돌아갔을 때 좌정승 조준(趙浚)과 우정승 김사형(金士衡) 등이 "한양 안팎의 산하 지세가 좋은 것은 예부터 말하여 오는 터이며 사방으로 도로의 거리가 균평(均平)하고 수륙의 교통이 잘 되는 곳이니 여기에 도읍을 정하여 길이 후세에 전하는 것이 참으로 하늘과 사람의 뜻에 합치되는 바입니다"라고 함께 아뢰었다.

한양 천도의 배경은 한강의 수운 조건 외에도 풍수지리설의 영향과 정치적 정황(情況)에 많은 영향을 받았다고 한다.

한강의 여러 기능 가운데 가장 중요시되었던 것은 조운 제도였다. 조운 제도란 조세로 징수한 미곡(米穀), 포백(布帛;베와 비단)

조선시대의 조창(15세기)

구분		조창명	각 조창의 수곡 구역	조선수
직납		경창(서울)	경기 제읍과 강원도 지역(평강, 철원 등)	
참운 (站運)	좌수참	가흥창(충주)	경상도 제읍과 충청도 지역(음성, 영동 등)	51척
		흥원창(원주)	강원도 지역(평창, 영월 등)	
		소양강창(춘천)	강원도 지역(홍천, 양구 등)	
	우수참	금곡포창(백천)	황해도 지역(해주, 풍천 등)	20척
		조읍포창(강음)	황해도 지역(황주, 평산 등)	
해운		공세곶창(아산)	충청도 지역(서산, 한산 등)	60척
		덕성창(용안)	전라도 지역(전주, 김제 등)	63척
		법성창(영광)	전라도 지역(부안, 곡성 등)	39척
		영산창(나주)	전라도 지역(순천, 광양 등)	53척

※「경국대전」과「동국여지승람」에 의거 작성

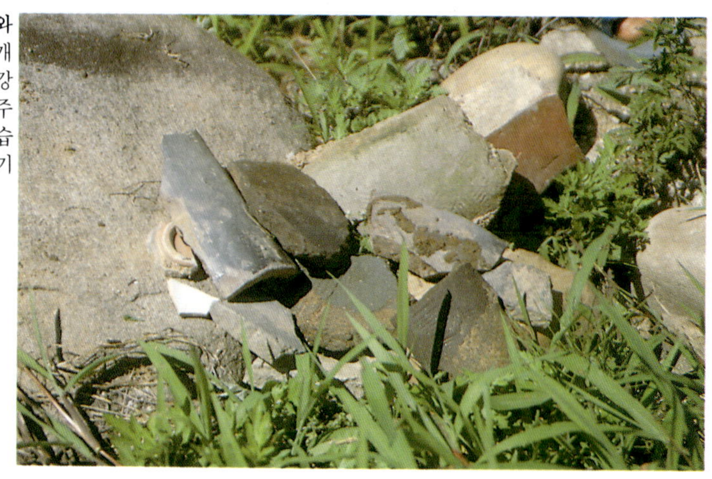

등을 수상 운송하는 제도를 말하는데 조운이 제도화된 것은 고려 초 성종 때(992년)였다.

도읍을 한양으로 정한 뒤부터 전국의 세곡이 조운을 통하여 이곳으로 집결하였다. 또 서울에 거주하는 지주층이 지방 농장에서 거둔 소작료도 대부분 선박으로 운반함으로써 한강은 경제성이 높은 수로가 되었다. 이때 조운선은 30척을 '일정(一錠)'으로 하여 함께 운항하게 하였고 부득이한 경우 외에는 대형을 벗어나지 못하게 하였다.

조선의 조운 제도는 「경국대전」의 반포로 매듭지어졌는데 「경국대전」에 의하면 조선의 조창(漕倉)은 9개로 그 가운데 3개소가 한강 연안에 위치했다. 곧 충주의 가흥창(可興倉), 원주의 흥원창(興原倉), 춘천의 소양강창(昭陽江倉)이다. 이들 조창에서는 충청도와 강원도의 세곡을 수납하여 조선으로 한강을 경유하여 서울의 경창(京倉)으로 수송하였다. 한강 조운의 기능이 강화된 것은 경상도의 세곡이 서울로 운반되면서부터이다.

서울 지역의 한강을 경강(京江)이라 하여 전국의 주요한 물산이 조운에 의하여 경강 지역으로 운반되었다. 따라서 경강변은 조선 초기부터 많은 상인이 집결하여 그 자체가 하나의 경제권을 형성하였다. 취급하는 상품은 곡물과 어물, 소금 등이 주된 것이었다.

그리고 한강은 요소요소에 진(鎭)을 두어 수비하게 하였는데 그 가운데 한강진, 양화진, 송파진을 삼진(三鎭)이라 하여 특별히 중요시하였다. 양화진은 당산철교 북단 부근으로 병인양요(1866년) 때 프랑스 함대가 양화도까지 올라와서 한때 장안을 소란케 한 곳이기도 하다. 특히 우리나라 3대첩의 하나인 권율 장군의 행주대첩은 한강변의 험준한 지세를 이용한 것이다.

근세의 한강

조선조 말 대원군이 집권한 지 얼마 안 된 고종 3년(1866, 丙寅)에 국내에 잠입하여 선교 활동을 펼치던 프랑스 선교사 가운데 주교 2명, 신부 2명이 한강변 새남터에서 처형되었다. 이에 프랑스는 두 차례에 걸쳐 서강과 강화도에 침입한 뒤 퇴각하였는데 이것이 바로 병인양요이다. 그 뒤 대동강에서 벌어진 신미양요를 거쳐 1875년(고종 12) 가을의 운양호 사건 뒤로 외국의 무력과 협박에 굴복, 강제로 병자수호조약을 체결하고 개항케 되었다.

한강변에 입주했던 최초의 외국인은 프랑스인 신부들이었는데 1887년 현 원효로 4가 1번지의 6,500평의 땅을 구입하여 신학교를 건축하고 거주하기 시작하였다.

그리고 한강에 증기선이 최초로 운항한 것은 1888년이었다. 세 척의 배가 마포에서 인천까지 운항하였는데, 그 뒤 1890년 독일계와 미국계의 증기선이 취항하게 되었고, 이어 중국인 거상 동순태가

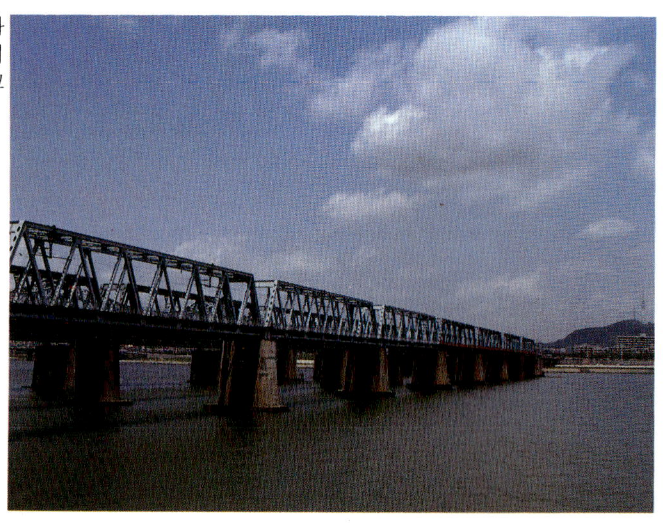

100톤짜리 증기선을 들여와 용산과 인천 사이를 취항하기에 이르
렀다.

　1899년 착공한 한강 철교 공사는 다음해인 1900년에 완공, 우리
나라 최초의 근대식 철교가 놓여졌다. 그리고 길이 26마일의 서울역
에서 인천을 잇는 경인철도가 1990년에 개통되었다. 그리고 한강에
최초의 인도교가 가설된 것은 한일 합방 6년 뒤인 1916년이었고,
새 인도교는 1934년에 착공하여 1936년에 완공되었는데 폭 20미터
에 길이는 1,005미터였다.

　한강에 큰 홍수가 있었던 때는 1912년과 1920년, 1925년의 세
차례였다. 그 가운데 가장 큰 피해를 낸 것은 1925년(을축) 대홍수
로 7월 15일에서 18일까지 4일간에 걸쳐 400에서 500밀리미터의
높은 강수량을 보였다. 노도와 같은 홍수물은 한강 제방을 무너뜨리
고 순식간에 용산 일대를 물바다로 만들었다. 남대문 앞까지 만수가
된 이 홍수로 인해 서울 시내 모든 전차 운행이 중단되었고, 통신과

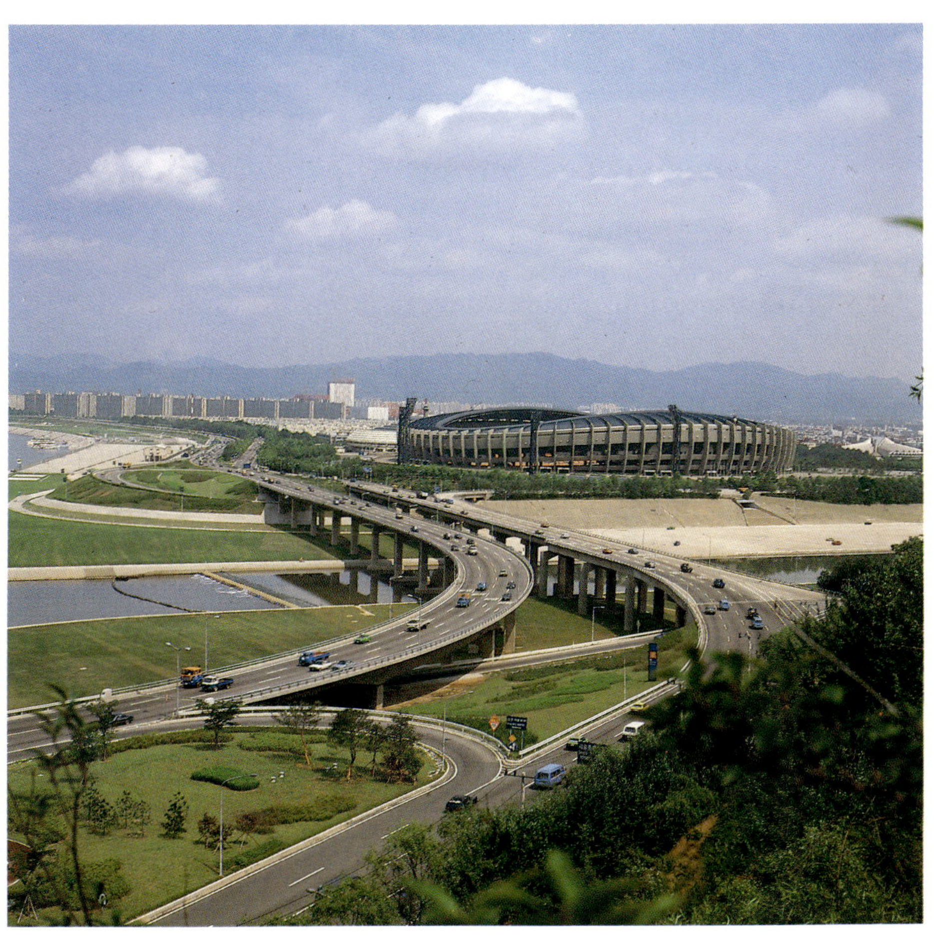

올림픽 주경기장과 올림픽대로   현재 올림픽 주경기장이 위치한 잠실동과 신천동은
부리도(浮里島)라 불리는 하중도(河中島)였다. 이 섬은 오랜 세월 동안 흐름이 약간씩
북서류하게 됨으로써 생겨난 섬이다.

우편이 두절되었으며 익사자 404명, 가옥 유실 1만 2,307호에 이르렀다.

1925년 대홍수를 당한 조선 총독부는 그 복구에 군대까지 동원하였으며, 한강 본류뿐만 아니라 안양천, 중랑천, 청계천 등 지류에도 대대적인 제방 공사를 벌였다.

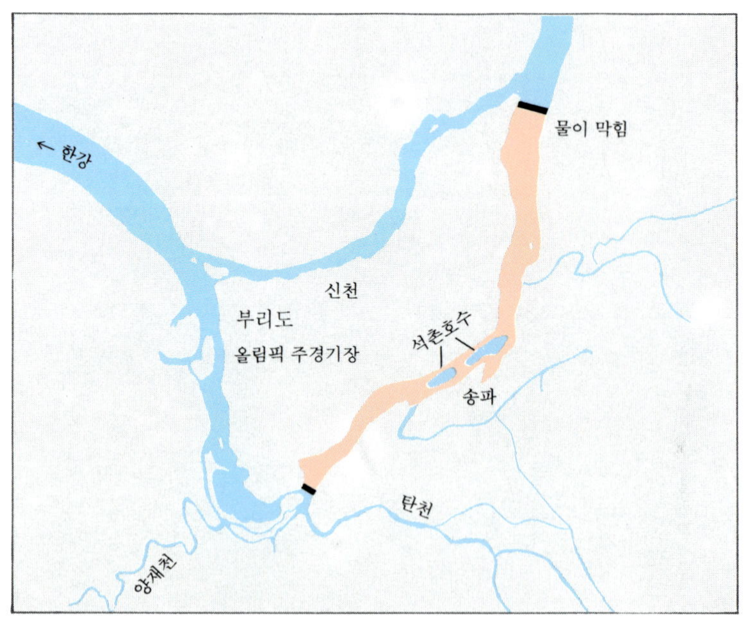

한강 부리도 유역　1970년 4월에 북쪽의 물길을 넓게 하고 남쪽의 하천을 폐쇄함으로써 하중도를 육지로 만드는 공사를 하였다. 이러한 잠실 개발로 인해 남류하던 흐름이 폐쇄되면서 만들어진 호수가 석촌호수이다.

8·15 광복 뒤, 한강에 큰 이변이 닥쳤으니 바로 6·25 사변이다. 1950년 6월 28일 14시 30분, 하늘 높이 치솟은 불길과 굉음이 울려 퍼지는 찰나에 한강 인도교와 경인 하행선 철교가 절단, 파괴되었

다. 당시 이 다리 위에는 500여 명이 넘는 피난 행렬과 다수의 차량
이 있었다고 한다. 한강 인도교가 폭파된 지 1시간 반 뒤인 새벽
4시에 광진교까지 파괴되었다.

현재 올림픽 주경기장이 위치한 잠실동과 신천동은 부리도(浮里
島)라 불리는 하중도(河中島)였다. 이 섬은 오랜 세월 동안 흐름이
약간씩 북서류(北西流)하게 됨으로써 생겨난 섬이다.

1970년 4월, 북쪽 하도(河道)를 넓게 하고 남쪽의 하천을 폐쇄함
으로써 하중도를 육지화하는 대공사가 시작되었다. 이 대역사는
약 100만 평이 넘는 공유 수면 매립 공사가 주축이었으며 이를 중심
으로 그 주변 340만 평의 광역 구획 정리 사업이 동시에 실시되어
1975년에 마무리되었다.

이 지구의 북쪽인 공유 수면 매립 부분을 집단 체비지로 하여
이 땅을 주택공사에 일괄 양도, 대규모의 집단 아파트를 건설케
하였으며 다음으로 구역 정리 지구 안에 집단 공원용지로 할애된
종합 경기장 부지에 이 나라 최대 체육의 전당을 건립하였다. 잠실
개발로 인해 남류하던 흐름이 폐쇄되면서 만들어진 호수가 하적호
(河跡湖)인 석촌호수이다.

한강종합개발은 1982년 9월에 착공되어 4년여에 걸쳐 완공된 서울
시 도시 상기 종합 계획의 일환이다. 지금까지 도시화 과정에서 혹사
당한 한강을 본래의 기능으로 회복시키고 강 양안의 자연 퇴적지는
'고수부지'로 조성하여 도시민의 정서 순화와 시민 체력 증진을 도모하
는 데 기여하고 '86아시안게임과 '88서울올림픽대회에 대비하여 국제
도시로서의 면모를 갖추는 데 궁극적인 목적이 있었다.

1. 저수로 정비 사업(암사동에서 행주대교간 36킬로미터 구간), 2.
고수부지 조성 사업(총 693만 제곱미터 하상공원 조성), 3. 올림픽
대로 건설 사업, 4. 분류 하수관로 공사.

이 밖에 잠실과 신곡에 1곳씩 수위 유지 시설인 수중보를 건설했다.

한강의 이름

시대별 이름

한사군과 삼국시대 초기의 한강과 임진강은 한반도의 중간 허리 부분을 띠처럼 둘렀다는 뜻에서 '대수(帶水)'라 불렀다. 고구려에서는 '아리수(阿利水)'라 했으며 백제는 '욱리하(郁里河)'라 했다. 또 신라는 상류를 '이하(泥河)', 하류를 '왕봉하(王逢河)'라 불렀다.

한편「삼국사기」'신라편' 지리지에 보면 왕봉현(王逢縣)은 지금의 경기도 고양군 행주 지역인데 한강을 '한산하(漢山河)' 또는 북독(北瀆)'이라고도 했다. 여기에서 한산이란 한산주(漢山州)이며 지금의 경기도 광주(廣州)를 가리킨다. 또 독(瀆)이란 바다로 직접 들어가는 강이란 뜻인데 곧 북독이란 신라의 북쪽에 위치한 큰 강을 의미한다.

고려 때에는 큰 물줄기가 맑고 밝게 뻗어 내리는 긴 강이란 뜻으로 '열수(冽水)'라고 불렀으며, 모래가 많아 사평도(沙平渡) 또는 사리진(沙里津)이라고도 불렀다. 그 이전에 백제가 동진(東晉)과 교통하여 중국 문화를 받아들이기 시작하면서 한강의 이름을 중국

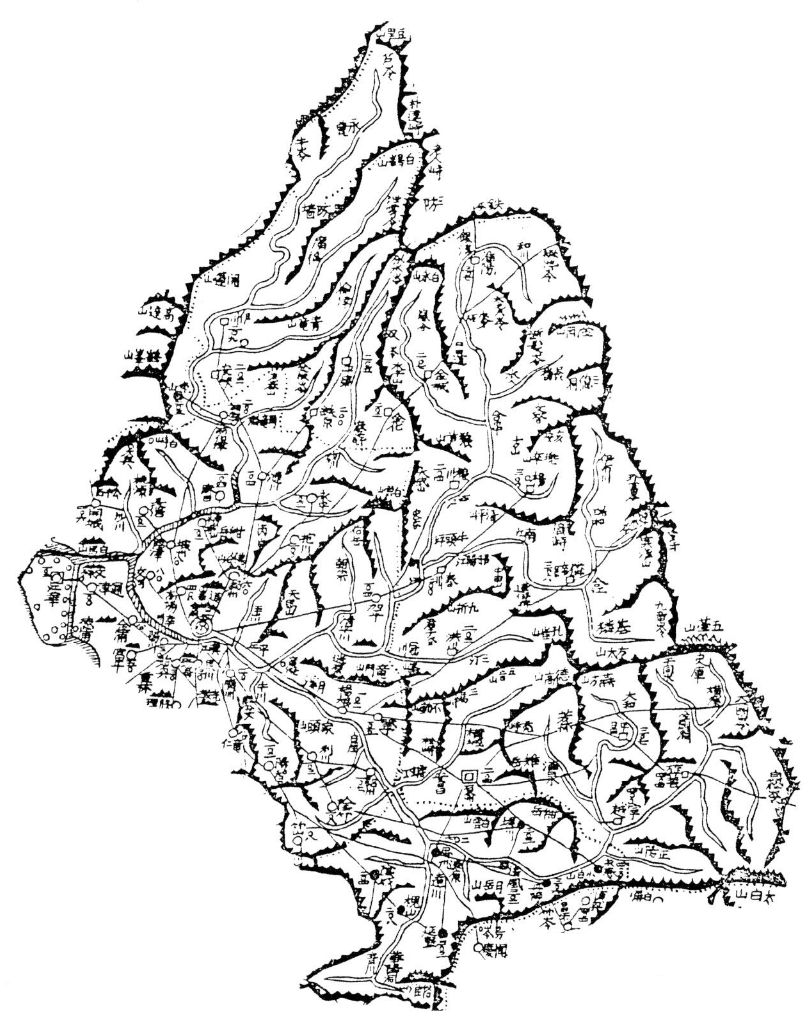

대동여지도의 한강 수계도상

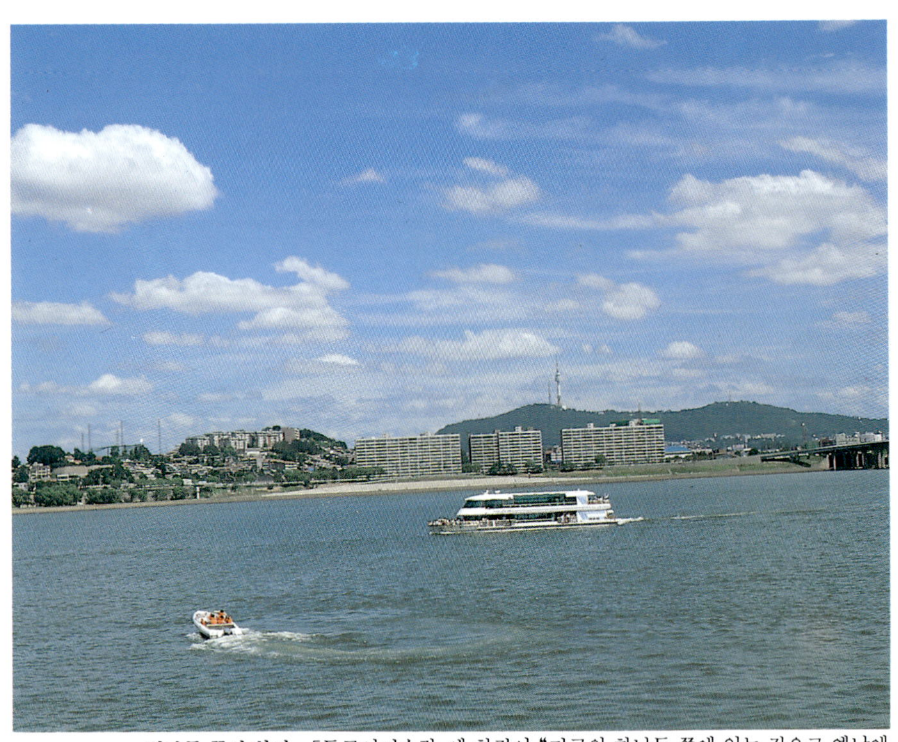

한남동 쪽의 한강 「동국여지승람」에 한강이 "지금의 한남동 쪽에 있는 강으로 옛날에
는 한산하(漢山河)라고 하였다"고 기록되어 있다.

식으로 고쳐서 한수(漢水)라 불렀으며, 그 뒤부터 옛이름은 차츰
없어지고 마침내 한수 또는 한강(漢江)이라고만 불리어졌다.

한편 한강은 본래 우리말의 '한가람'에서 비롯된 말로 '한'은 '크
다, 넓다, 길다'는 의미이며, '가람'은 강의 고어(古語)로 크고 넓은
강이란 뜻으로 사용되었다는 주장도 있다. 또한 조선시대에는 경강
(京江)이라고도 불렀으며 외국의 문헌에는 '서울강(Seoul River)'
이라는 기록도 보인다.

지역에 따른 이름

1486년 조선조 성종 때 편찬된 「동국여지승람」에는 다음과 같이 한강에 대해 적고 있다.

한강(漢江)은 도성 남쪽 10리 지점 곧 목멱산(木覓山;南山) 남쪽(한남동)으로 옛날에는 한산하(漢山河)라 하였다. 신라 때에 북독(北瀆), 고려조에서는 사평도(沙平渡)라고 하였는데 민간에서는 사리진(沙里津)이라고 이름하였다. 그 근원이 강릉부의 오대산 우통(于筒)에서부터 시작하는데 충주 서북쪽에 이르러 달천(達川)과 합하며 원주 서쪽에 이르러 안창수(安倉水;섬강)와 합하고 양근군(楊根郡) 서쪽에 이르러 용진(龍津)과 합하며 광주 지경에 이르러 도미진(渡迷津)이 되고, 광진(廣津;광나루)이 되고, 삼전도(三田渡)가 되며 두모포(豆毛浦;두뭇개)가 되며 경성 남쪽에 이르러 한강도(漢江渡)가 된다. 그리고 여기서부터 서쪽으로 흘러서는 노량이 되고 용산강이 되며 또 서쪽으로 가서 서강(西江)이 되고, 시흥현 북쪽에 이르러서 양화도(楊花渡)가 되며, 양천현 북쪽에서 공암진(孔巖津)이 되며, 교하군 서쪽에 이르러 임진강과 합하고 통진부 북쪽에서 조강(祖江)이 되어 바다로 들어간다.

위와 같이 한강의 명칭은 지역에 따라 다른 것을 알 수 있다. 곧 한강은 한남동 남쪽 지역의 냇물 이름이지 모든 구간에 걸친 명칭은 아니다.

옛기록에서 서울을 중심으로 지역에 따른 한강의 이름들을 살펴보면 팔당댐 부근을 도미진(渡迷津), 광장동 앞을 광진(廣津), 송파 부근을 삼전도(三田渡), 뚝섬과 옥수동 앞을 두모포(豆毛浦) 또는 동호(東湖), 한남동 앞을 한강, 동작동 앞을 동호(銅湖) 또는 동작강

(銅雀江), 노량진 앞을 노들강 또는 노강(鷺江), 용산 앞을 용호(龍湖) 또는 용산강, 마포 앞을 삼개 또는 마호(麻湖)·마포강, 서강 앞을 서호(西湖) 또는 서강(西江), 양평동 부근을 양화도(楊花渡), 가양동 앞을 공암진(孔巖津), 고양군 행주 부근은 왕봉하(王逢河), 김포 북쪽은 조강(祖江)이라 하였다.

조선조 이긍익(1736~1806년)이 지은 「연려실기술」에서는 한강을 크게 남강(남한강)과 북강(북한강), 임진강 등 세 줄기로 나누었으며 각 물줄기마다 다시 두 줄기씩 나누었다. 곧 남한강은 오대산에서 흘러 나오는 물줄기와 속리산에서 흘러 나오는 물줄기(달천), 북한강은 인제 서화현에서 나오는 물줄기(소양강)와 회양에서 흘러 나온 물줄기 그리고 임진강은 안변과 영풍에서 흘러 나오는 물줄기와 철령에서 흘러 나오는 물줄기(한탄강)이다.

여기에서 남한강의 지역에 따른 명칭을 살펴보면 다음과 같다.

강원도 정선 북쪽을 광탄진(廣灘津), 정선 남쪽을 대음강(大陰江), 정선 서쪽은 용암연(龍巖淵), 영월 앞을 후진(後津) 또는 금봉연(金鳳淵), 영춘 부근을 눌어탄(訥魚灘), 영춘 남쪽 남진(南津), 단양 부근의 상진(上津)과 하진(下津), 단양 서쪽을 소요항탄(所要項灘), 청풍 부근을 청풍강(清風江), 제천 부근을 광탄(廣灘), 충주 북쪽을 북진(北津), 충주 서쪽을 금천(金遷), 여주 앞을 여강(驪江), 양평 부근은 대탄(大灘) 또는 월계천(月溪遷), 양평 서쪽을 병탄(幷灘)이라 부른다.

한편 현재 사용하고 있는 지도에서 남한강 발원지에서 북한강과 합류하는 양수리까지의 명칭을 살펴보면 남한강 최상류인 삼척면과 하장면 지역을 하장천(下長川), 정선군 임계면 지역을 골지천(骨只川), 정선군 정선읍 부근을 조양강(朝陽江), 정선군과 영월군 접경 부근을 동강(東江), 영월읍에서 양수리까지는 남한강이라 표기되어 있다.

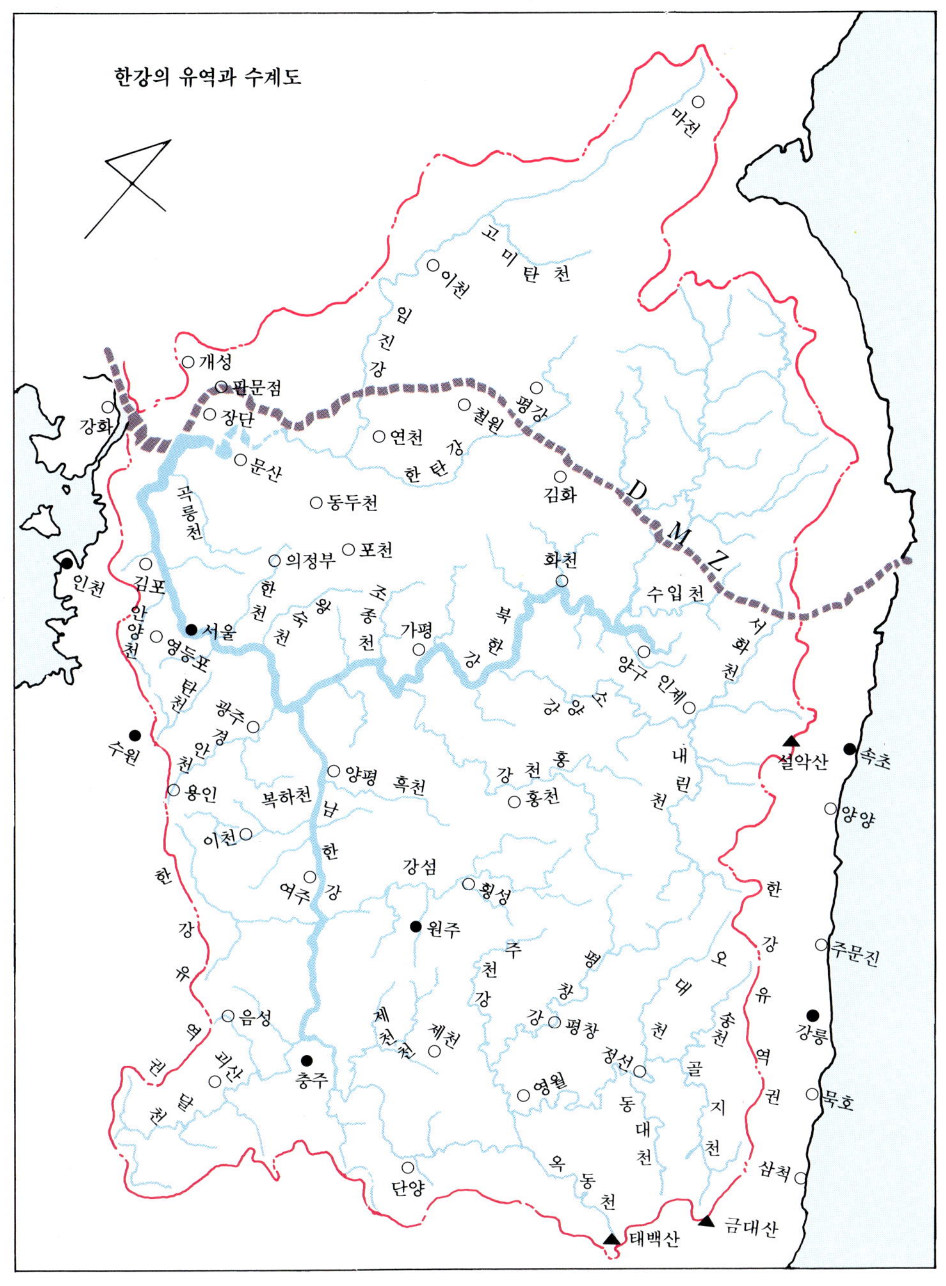
한강의 유역과 수계도
마전
고미탄천
이천
임진강
개성
판문점
평강
장단
철원
강화
연천
한탄강
김화
문산
D M Z
동두천
곡릉천
의정부
포천
화천
서화천
인천
수입천
김포
한천
숙천
조종천
북한강
양구
안양천
서울
가평
인제
영등포
탄천
내린천
설악산
속초
광주
경안천
수원
홍천강
양양
용인
복하천
남한강
홍천
이천
강섬
한강유역권
주문진
여주
횡성
원주
음성
주천강
평창강
대송천
강릉
괴산
제천천
평창
오대천
달천
충주
제천
정선
골지천
묵호
영월
동대천
삼척
단양
옥동천
태백산
금대산

지류의 이름과 그 유래

　한강물이 바다로 흘러들어가는 어귀인 강의 하구(河口)에서 그 물줄기를 거슬러 올라감에 따라 나뉘는 여러 물줄기 가운데 거리가 가장 먼 곳(직선 거리가 아닌 하천으로서 가장 긴 곳)을 강의 발원지(發源地)라고 부른다. 이 발원지에서 하구에 이르는 물줄기를 본류(本流) 또는 주류(主流)라고 부른다. 그리고 이 본류에 흘러드는 물줄기를 지류(支流)라고 부르며 본류에 직접 흘러드는 지류를 제1지류 또 제1지류에 흘러드는 물줄기를 제2지류, 제2지류에 흘러드는 물줄기를 제3지류 등으로 부르기도 한다.

　한강의 본류에 흘러드는 주요 지류와 그 지명 유래를 살펴보면 다음과 같다.

송천(松川)

　강원도 정선군 북면 유천리 송천(松川) 마을 앞으로 흐르기 때문에 붙여진 이름이다.

송천(강원도 정선군)

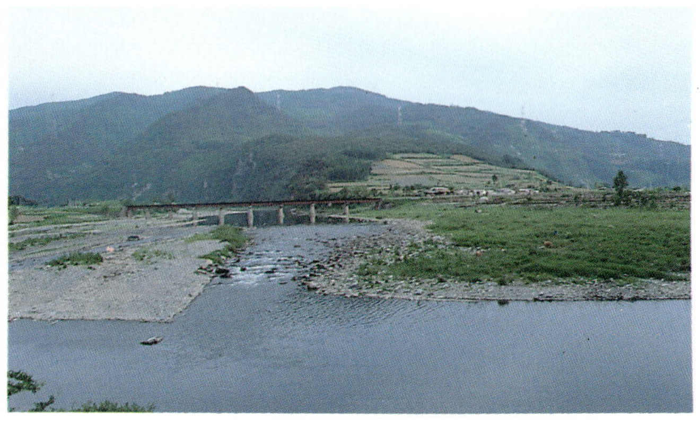

오대천(五臺川)

강원도 평창군 진부면과 오대산 남쪽 계곡의 물이 모아져 남류하
여 한강으로 흘러들기 때문에 붙여진 이름이다.

동대천(東大川)

강원도 정선군 동면(東面)에 있는 화암약수와 굴뱅이용소 등의
물이 모아져 정선읍 동쪽에서 한강으로 흘러들기 때문에 붙여진
이름이다.

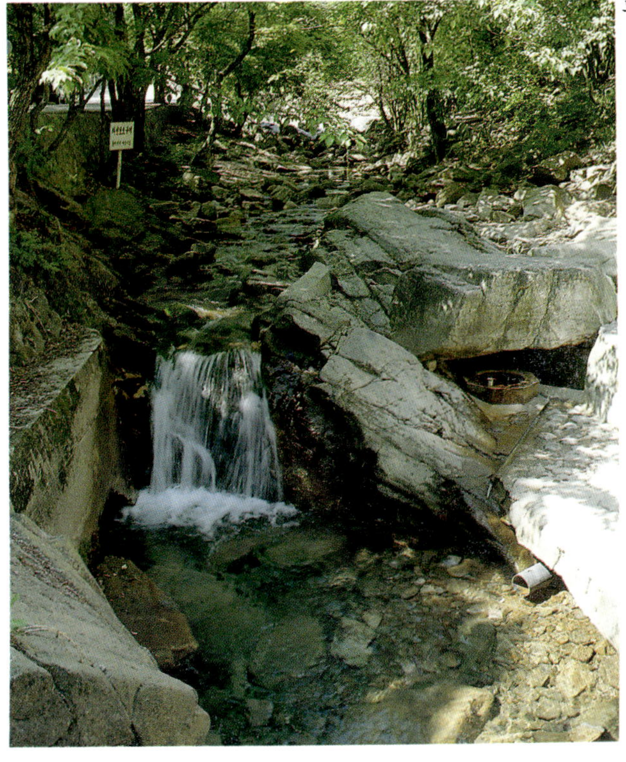

동대천의 화암약수
(강원도 정선군)

평창강(平昌江)과 주천강(酒泉江)

강원도 평창군 일대의 물이 모아져 평창읍을 관류하여 흐르기 때문에 붙여진 이름이다. 한편 평창강으로 흘러드는 한강의 제2지류인 주천강(酒泉江)에는 재미있는 설화가 얽혀 있다.

곧 강원도 영월군 주천면 주천리(酒泉里) 망산 기슭의 바위틈에서 맑은 물이 나오는 샘이 있는데 이 샘에서 옛날에는 술이 흘러 나왔다는 것이다. 따라서 샘의 이름을 '주천(酒泉)'이라 하였다. 이 샘으로 인하여 주천강의 명칭이 유래되었으며 옛날에는 주천현이 있었는데 그것 또한 이 샘 이름에서 비롯되었다.

주천강 강원도 영월군 주천리 망산 기슭의 바위틈에서 맑은 물이 나오는 샘이 있는데 옛날에는 여기서 술이 나왔다 하여 주천이라 불렀다. 이 샘의 이름에서 주천강이 유래되었다.

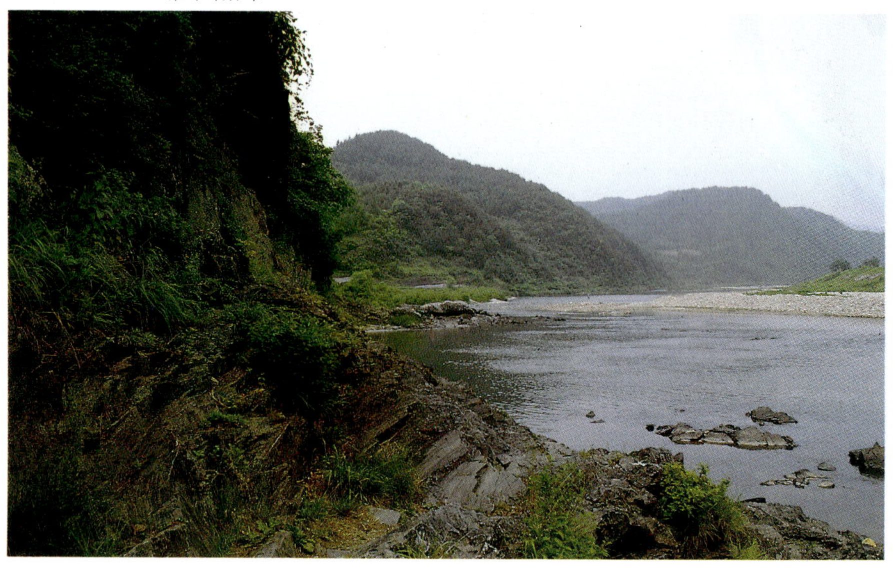

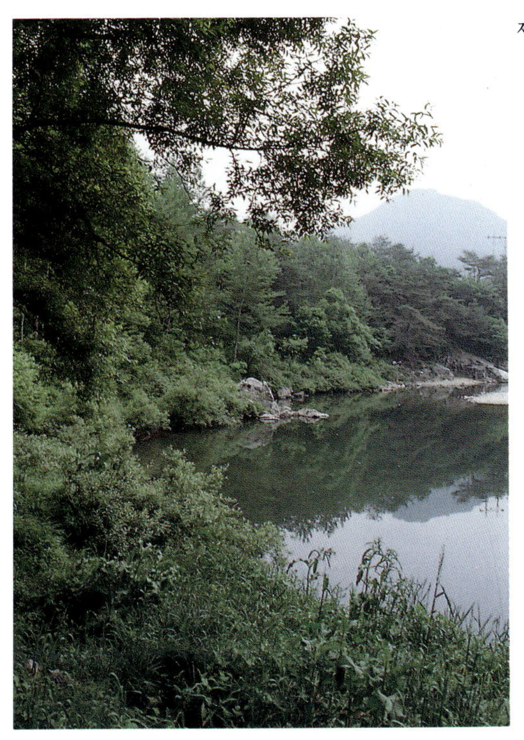

제천천 강원도 원성군 신림면
과 제천시의 물이 모아져
한강에 유입되는 강의 줄기이
다.

옥동천(玉洞川)

강원도 영월군 하동 옥동리(玉洞里) 앞으로 흐르기 때문에 붙여진
이름이다. 옥동은 옛날 나생군(奈生郡)이 있을 때 이곳에 옥(獄)이
있었으므로 옥골 또는 옥동이라고도 했다.

제천천(堤川川)

강원도 원성군 신림면과 제천시 물이 모아져 남류하여 한강에
유입되기 때문에 붙여진 이름이다.

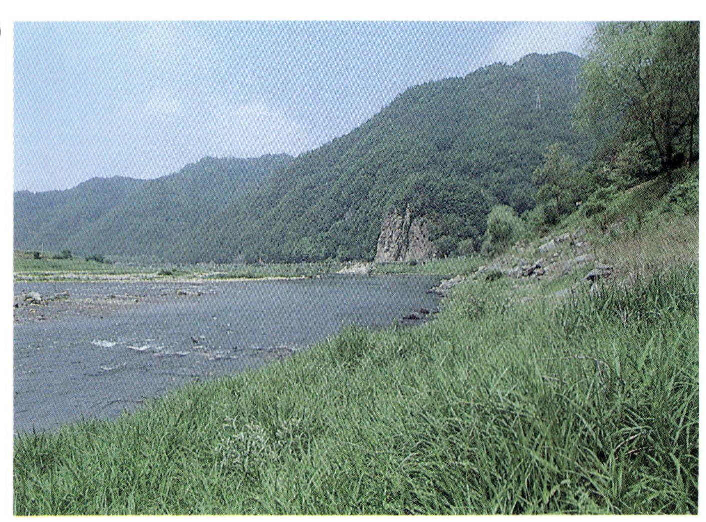

달천(達川)

충청북도 충주시 달천동(達川洞) 앞으로 흐르기 때문에 붙여진 이름이다.

또 옛날 이 강에 수달이 많이 살고 있어서 '달강'이란 이름이 생겼다는 설이 있으며 인근에 수달피고개, 물개달래 등의 땅이름이 남아 있다. 또 수달을 조정에 진상했다는 옛 기록도 있다. 그리고 물맛이 좋아 '단냇물'이 '달래물'로, 다시 '달천'이 되었다는 설도 있다.

충주시 달천동은 원래 달신(達新), 단신(丹新), 이부, 송림리가 병합된 이름이며 부근에 단월동(丹月洞)과 단호사(丹湖寺)가 있다. 또한 상류에는 괴산군 감물면(甘勿面)이 있으며 고려 말 조선 초의 학자 이행(李行)은 우리나라 물을 "충주 달천의 물이 제일이고 한강의 우중수(牛重水;于筒水)가 둘째이며, 속리산 삼타수(三陀水)가 셋째"라고 물맛의 품급을 매긴 바 있다.

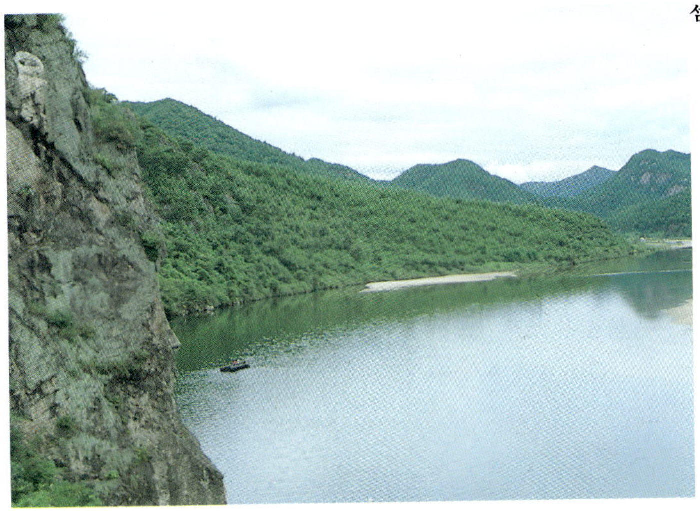

섬강(蟾江)

강원도 원성군 지정면 간현리 강변에 병암(屛岩)이라는 바위 절벽이 있으며, 이 병암 상류 50미터 지점에 커다란 바위가 있고 그 바위 위에 한마리의 두꺼비가 기어 오르는 듯한 바위가 있다. 이 바위가 바로 두꺼비 바위이며 이 바위가 바로 섬강의 이름을 탄생시킨 유명한 바위이다. 곧 두꺼비 바위가 있어 이 냇물을 '두꺼비 섬(蟾)'자를 써서 섬강이라 부르게 된 것이다.

청미천(淸渼川)

경기도 이천군 장호원읍은 본래 충청북도 음죽군 남면의 지역으로써 조선 때 유춘역(留春驛)에 딸린 장해원(또는 장호원)이 있었으므로 '장호원'이라 하였다. 그러나 1941년 행정 구역 통폐합에 따라 평촌, 석교천을 병합하여 장호원리라 하여 이천군 청미면(淸渼面)에 편입되었는데 청미천은 당시에 붙여진 이름이라고 한다.

흑천(黑川)

경기도 양평군 일대의 물이 모아져 양평읍 남쪽에서 한강에 합류되는데 이 냇물을 흑천 또는 신내개울이라 부른다. 흑천의 유래는 1925년 을축년 대홍수 때, 평소에 깨끗한 물이 흐르던 강물이 시커먼 먹물로 바뀌어져 흐르므로 그 뒤부터 흑천 또는 거무내라 부르게 되었다고 한다. 또 용문면 삼성리 마을 앞으로 흐르는 냇물 바닥에 '검은 바위가 깔려 있어 물이 검게 보인다'고 하여 흑천이라 부른다고도 한다.

또 양평읍과 개군면 경계 하천을 신내개울이라고 부르는데, 현재의 공세리에 마을이 형성된 뒤 하천 이름을 신천(新川) 또는 신내개울이라 부르게 되었다고 한다.

북한강(北韓江)

북한강은 남한강 또는 남강(南江)에 대비되는 뜻으로 붙여진 이름으로 한강의 제1지류이다. 이 북한강에 흘러드는 한강의 제2지류 가운데 비교적 규모가 큰 하천은 홍천강, 소양강, 수입천, 금천, 조종천, 가평천 등이 있다. 그 가운데 몇 하천의 명칭 유래를 살펴보면 다음과 같다.

소양강(昭陽江) 춘천시 봉의산 북쪽 산록에 소양정(昭陽亭)이 있는데 이 정자 앞으로 흐르는 냇물이기 때문에 붙여진 이름이다. 당초에 이 정자를 '산과 강물의 경치가 아름다워 이를 감상하며 즐긴다'는 뜻으로 이요루(二樂樓;樂山樂水)라 하였는데 조선 선조 38년(1605) 홍수로 유실된 것을 광해군 2년(1610) 부사 유희담이 재건하고 소양정이라 하였다. 소양강의 지류로는 서화천(인북천), 내린천, 방대천, 북천, 계방천, 자운천 등이 있다.

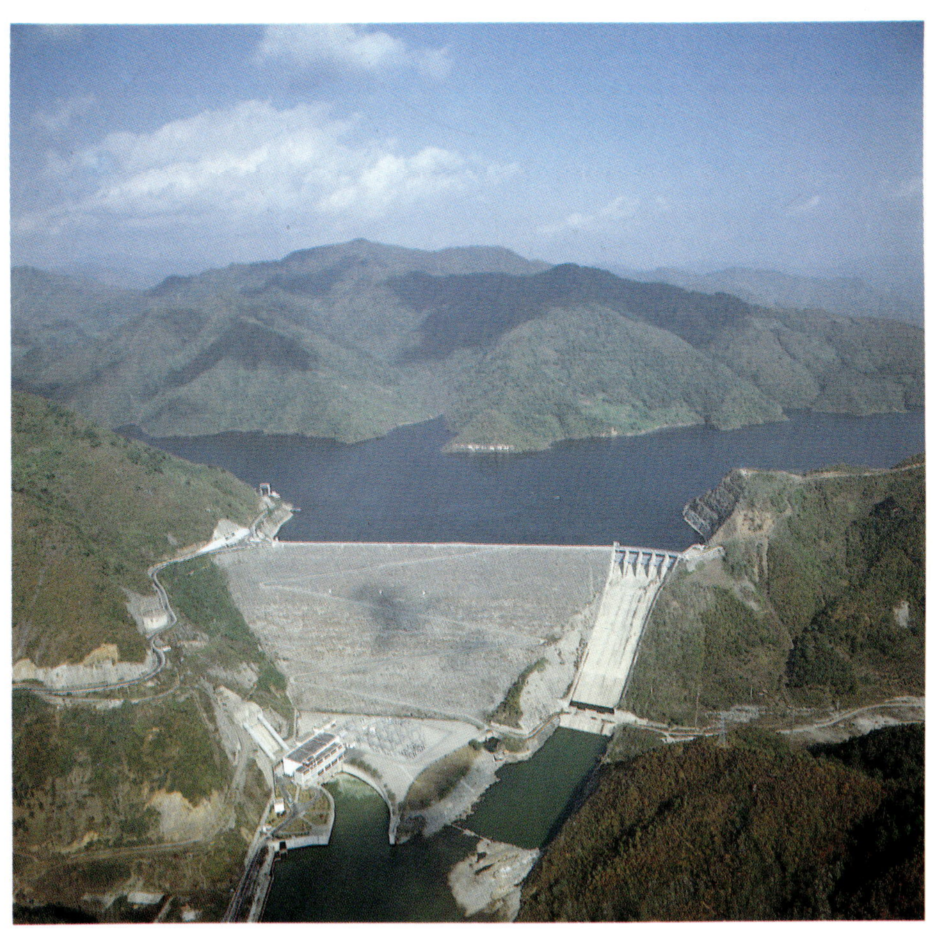

소양댐 북한강의 한 지류인 소양강을 막아 이룩한 다목적댐이다. 소양댐은 한강의
수위 조절과 발전 그리고 농업 용수의 공급을 비롯하여 아름다운 호수를 만들어 관광
자원도 형성하고 있다.

홍천강(洪川江) 홍천강은 홍천군 홍천읍을 관류하며 흐르기 때문에 붙여진 이름이다. 또한 홍천군의 옛이름을 따서 녹요강(綠繞江), 화양강(華陽江)이라고도 부르며 상류를 벌력천(伐力川), 중류를 홍천강, 하류를 관천(冠川)이라고 기록되어 있다.

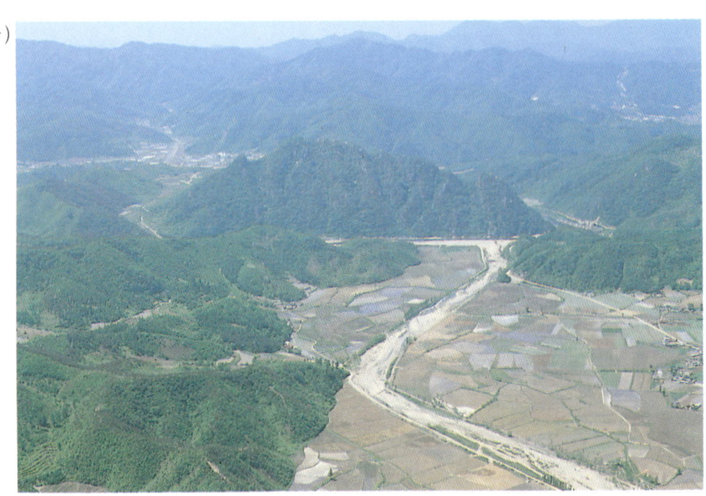

홍천강(강원도 홍천군)

조종천(朝宗川) 경기도 가평군 현리 계곡물이 모아져 남류, 청평 남쪽에서 북한강에 유입되는 조종천은 가평군 하면 대보리(大報里)에서 명칭 유래를 찾을 수 있다. 중국에서 명나라가 망하고 청나라가 들어서자 청에 대항하여 반혁명을 기도하다가 우리나라로 망명한 왕미승, 정간섭 등 아홉 사람이 우리나라에 귀화하여 숨어 산 곳이 바로 대보리였다. 그러므로 조종(朝宗)이라는 이름은 중국의 명나라에 대한 숭명(崇明)을 뜻하는 것이고 대보(大報)란 궁궐의 숭명 제단인 대보단(大報壇)에서 따온 이름이다. 이 마을 앞으로 흐르는 냇물이기 때문에 조종천(朝宗川)이라 한 것이다.

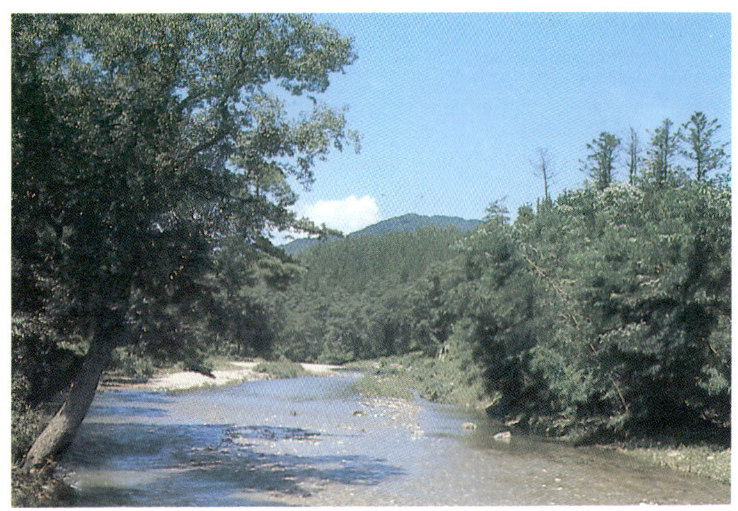

왕숙천　경기도 남양주군 진접면 팔야리 앞을 흐르는 내이다. 이 내의 이름은 태조와 태종 사이에 일어난 일화에 따른 것으로 조선 전기의 왕권 성립의 단면을 보여 준다.

왕숙천(王宿川)

조선조 태조는 아들 태종이 두 차례나 왕자의 난을 일으켜 형제들을 죽이자 크게 상심, 정종에게 왕위를 물려주고 고향인 함흥으로 가 버렸다. 태종은 사자를 보내 부친을 돌아오게 하려 하였으나 태조는 함흥으로 오는 사자를 죽여버렸으므로 '돌아오지 않는 심부름꾼'을 함흥차사라 부르게 되었다. 일설에는 태조가 모든 차사를 죽였다고 하나 문헌에는 박순(朴淳)의 희생만 알려져 있다. 이에 태종은 궁리를 거듭한 끝에 부친의 사부 무학대사를 보내어 겨우 태조를 환궁토록 하였는데 태조가 한양으로 돌아오는 도중, 지금의 남양주군 진접면 팔야리(八夜里)에서 여덟 밤을 자고 갔으므로 이 마을 이름을 '여덟바미' 또는 '팔야리'라 부르게 되었고 이 앞을 흐르는 내를 '왕이 자고 갔다'는 의미로 '왕숙천'이라 부르게 되었다.

경안천(慶安川)

경안천의 명칭은 현재 경기도 광주 군청 소재지인 경안리(京安里)에서 유래되었다. 경안리는 1910년 면제(面制)를 실시할 때, 경안면(慶安面)이라 하였으나 1932년 7월 5일, 경안면을 광주면으로 개칭할 때 '서울에서 가깝다'고 하여 경안리(京安里)로 바뀌게 되었다. 그러나 강 이름은 바뀌지 않고 그전대로 경안천(慶安川)이라 부르고 있다.

경안천은 대동여지도에서는 우천(牛川), 「동국여지승람」에는 소천(小川) 또 조선총독부에서 발간한 「조선지지자료」에는 금량천(金良川)이라고 기록되어 있는데, 금량천은 금량장리(金良場里)에서 비롯되었다. 금량장리는 용인읍 지역으로서 조선 때 양재도찰방(良才道察訪)에 딸린 금령역(金嶺驛)이 있고 또 시장이 섰으므로 금령역, 금령장, 김량장이라 하였는데 1914년 4월 1일 군면 통폐합에 따라 김량장리라 하였다.

탄천(炭川)

옛날 중국 한나라 때 동방삭이라는 사람이 있었는데 인물이 비범하고 재주가 있어 염라사자가 저승으로 데려가려고 하였으나 동방삭은 꾀로 이를 모면해 3천 갑자(18만 년)의 장수를 누리게 되었다고 한다.

어느 해, 염라사자가 동방삭을 잡으려고 경기도 용인땅까지 왔으나 그가 누구인지를 알 수가 없어 여기 저기 염탐을 하다가 한 꾀를 내어 냇가에 앉아서 숯을 빨고 있었다. 그때 이곳을 지나가던 길손이 숯을 씻는 까닭을 물으므로 염라사자는 "숯을 희게 하기 위하여 빨고 있다"고 대답하였다. 그러자 길손은 "내가 3천 갑자를 살았어도 숯을 희게 하기 위하여 빠는 사람은 처음 보겠다"고 말하고 껄껄 웃었다. 그러자 저승사자는 그가 동방삭인 줄 알고 저승으로 잡아갔

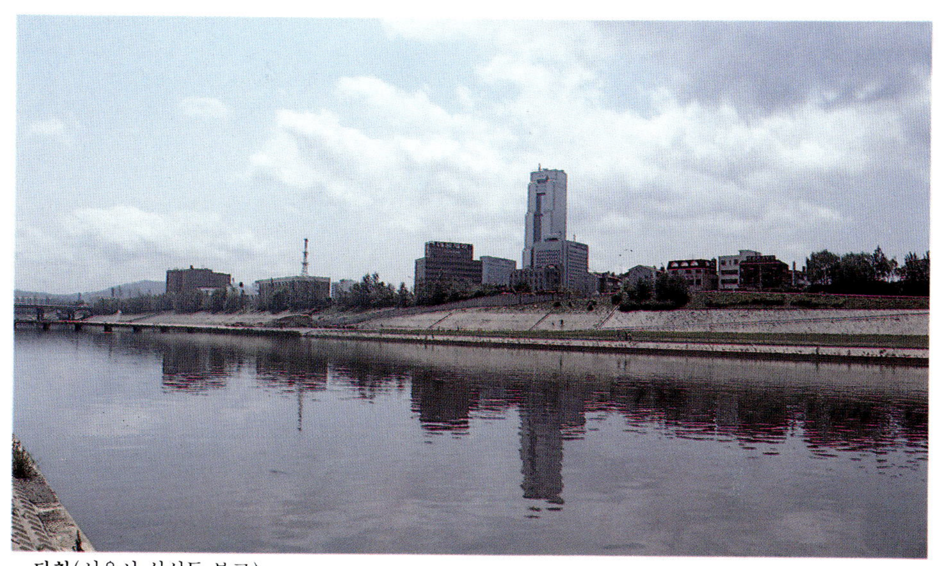

탄천(서울시 삼성동 부근)

다고 하며, 이러한 연유로 이 냇물 이름을 숯내(숫내) 또는 탄천으로 부르게 되었다고 한다.

일설에는 이 냇물이 홍수에 곧잘 넘쳐 '농민들이 탄식하는 하천'이란 뜻으로 탄천(嘆川)이라 부른 것이 와전되어 탄천(炭川)이 되었다고 한다.

또 탄천은 성남시의 탄리(炭里)에서 유래되었을 가능성도 있다. 탄리는 현재 태평동, 수진동, 신흥동 지역을 말하는데 개발 이전에 숯골이라는 자연 부락이 있었다. 조선 경종 때, 남이 장군의 6대손인 남영(南泳, 호는 炭叟)이 살았던 골짜기란 뜻에서 탄골, 숯골이라 하였다.

양재천(良才川)　한강의 제2지류 양재천은 '쓸만한 인재들이 모여 살고 있다'고 해서 양재동(良才洞)이라 부르는 마을 앞으로 흐르므로 양재천이란 이름을 얻게 되었다.

한천(漢川)

이 강의 상류인 도봉동 부근에서는 서원천(書院川), 상계동 부근에서부터는 '한강의 새끼 개'의 뜻으로 '샛개, 샛강'이라 부른다. 또 '한강(한남동 부근 명칭)의 바로 위쪽에 흐르는 냇물'의 뜻으로 한천(漢川), 한내로 불리우던 것을 일제(日帝)에 의해 1911년 발행된 경성부 지도에 중량교(中梁橋)를 중랑교(中浪橋)로 창작해 표기되었다. 이 뒤로 이를 추종한 각종 문헌에 중랑천이라고 표기되다가 현재는 중랑구(中浪區)의 행정 지명까지 탄생되기에 이르렀다. 또 이 하천 중류에 놓여 있는 중랑교는 당초에 중량교로 표기되어 있었으나 1971년 교량 보수 때 '중랑교'로 고쳐 표기하였다고 한다. 이처럼 한천을 일제의 잔재인 중랑천으로 부르는 것은 잘못이며 명백한 오류인 것이다.

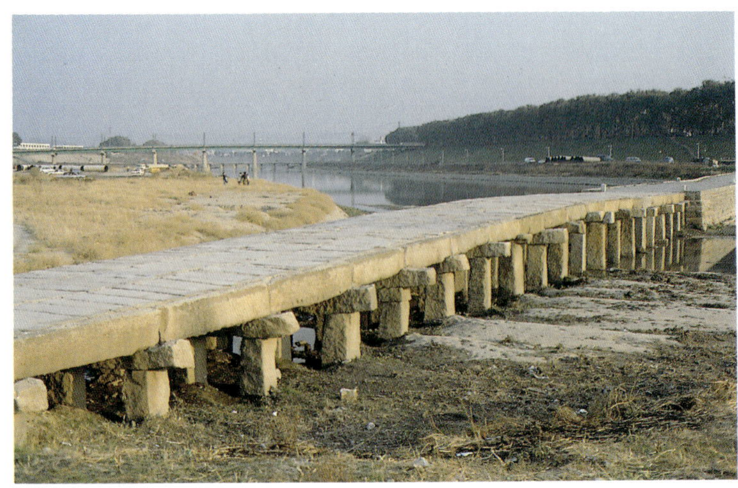

중랑천 하구(뚝섬 부근)에 위치한 살곶이다리

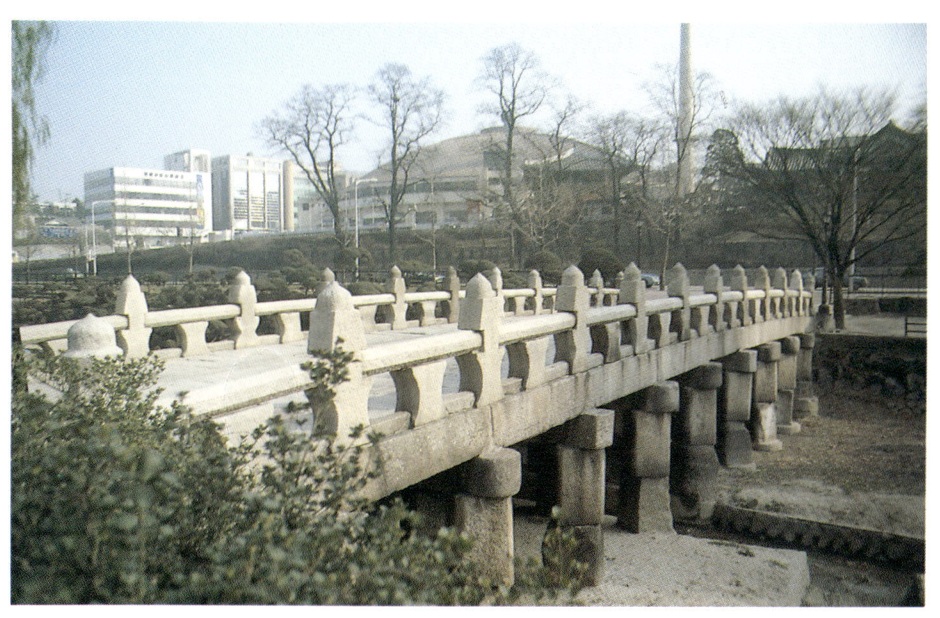

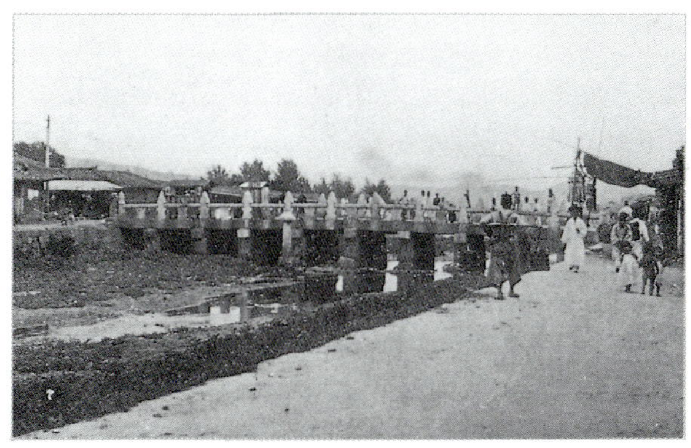

현재의 수표교 청계천에 있던 것이 현재는 장충단 공원으로 옮겨져 있다.(위)
옛날 청계천에 있던 수표교(왼쪽, 「백년전의 한국」 1910)

　청계천(淸溪川)　한천의 지류인 청계천은 조선조 말까지 개천 (開川)이었는데 일제가 서울의 지명을 개정할 때, 청계천으로 개칭 해 현재에 이르고 있다.

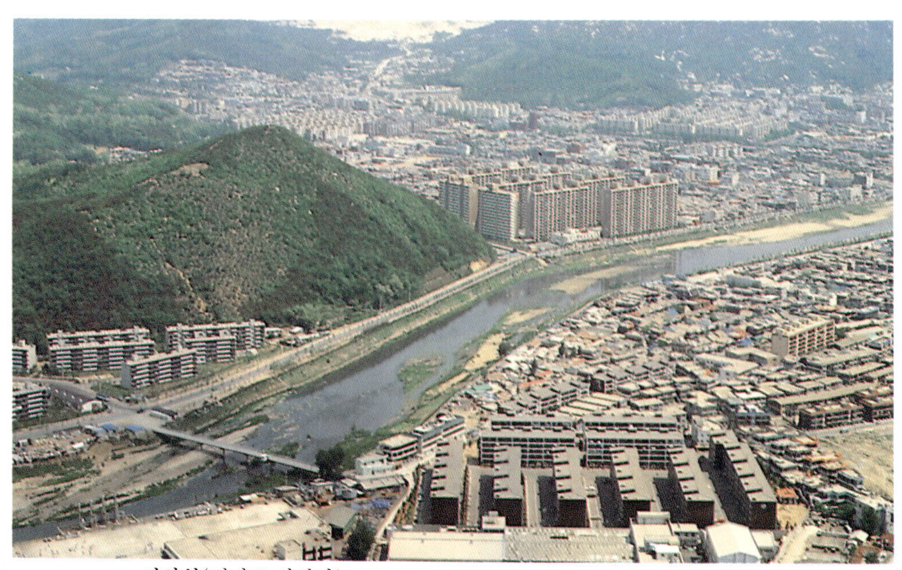

안양천(경기도 안양시)

안양천(安養川)

안양천은 안양시를 관류하고 안양동 앞으로 흐르기 때문에 붙여진 이름이다. 원래 이 강줄기는 안양시 삼성산에서 발원하여 안양유원지를 경유하여 안양대교에 합류되는 하천(현재 삼성천이라 함)을 말하는데 일제 때 안양천으로 이름이 바뀌게 되었다.

곡릉천(曲陵川)

경기도 파주군 조리면 봉일천 공릉(恭陵) 앞으로 흐르기 때문에 '공릉천'이라고도 부른다. 또 곡릉천이란 이름은 공릉, 순릉, 영릉, 장릉, 효릉, 온릉 등 여러 능(陵)을 굽이쳐 흐르기 때문에 붙여진 명칭인 듯하며, 1918년 발간된 「조선지지자료」에 최초로 기록되었다. 또한 곡릉천은 기프내 또는 심천, 서산천이라고도 불린다.

임진강(臨津江)

　임진은 본래 고구려의 진임성(津臨城, 鳥阿忽)으로 신라 경덕왕 때 임진(臨津)으로 고쳐서 개성군의 영현이 되었다. 그 뒤 강을 건너는 나루를 임진도(臨津渡), 이 강을 임진강(臨津江)이라 부른 듯하다. 또 이 강을 칠중하(七重河)라고도 불렀는데 이 물이 칠중성(七重城;지금의 적성) 앞을 흐르기 때문에 붙여진 이름이다.

　한탄강(漢灘江)　임진강의 지류인 한탄강은 '6·25 동란 때 이 강으로 인하여 많은 군인과 민간인들이 한탄하며 죽었다고 하여 붙여진 이름'이라고 잘못 알려진 강이다. 한탄강의 '한'은 '크다, 넓다, 길다'는 뜻과 '탄'은 '여울, 강, 개'의 뜻이 합한 순수한 우리말 강 이름이다.

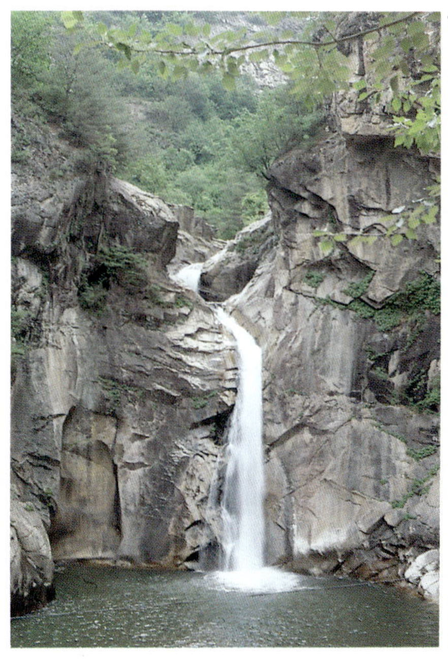

임진강의 지류인 한탄강에
흐르는 삼부연 폭포

한강의 지질과 지형

지질(地質)

광역 지질

한강 유역의 지질은 화성암과 퇴적암, 변성암 등의 다양한 암석으로 구성되어 있다. 또 인접 지역과의 접촉 관계가 복잡하고 오래된 암석들은 많은 변화를 가져왔다.

화강암은 중생대 백악기(白堊紀;약 1억 4천만 년 전부터 7천만 년 전까지의 시대)에 약간 연속적이면서 폭넓게 한반도를 횡단하여 동북 방향에 걸쳐 고기암(古期岩) 가운데에 관입(貫入;암장이 다른 암석 안으로 뚫고 들어가 지구 내부에서 엉기어 굳어 새로운 암석을 만드는 일)하였다.

또 백악기 화강암은 주변 지역의 암석보다 쉽게 풍화, 침식되어 낮은 구릉성(丘陵性) 산지를 이루고 있다. 이에 반해 변성암 지역은 높고 험준한 산지를 이루고 있으며, 남한강의 단양 상류 지역에서는 석회암층의 분포가 많이 나타난다.

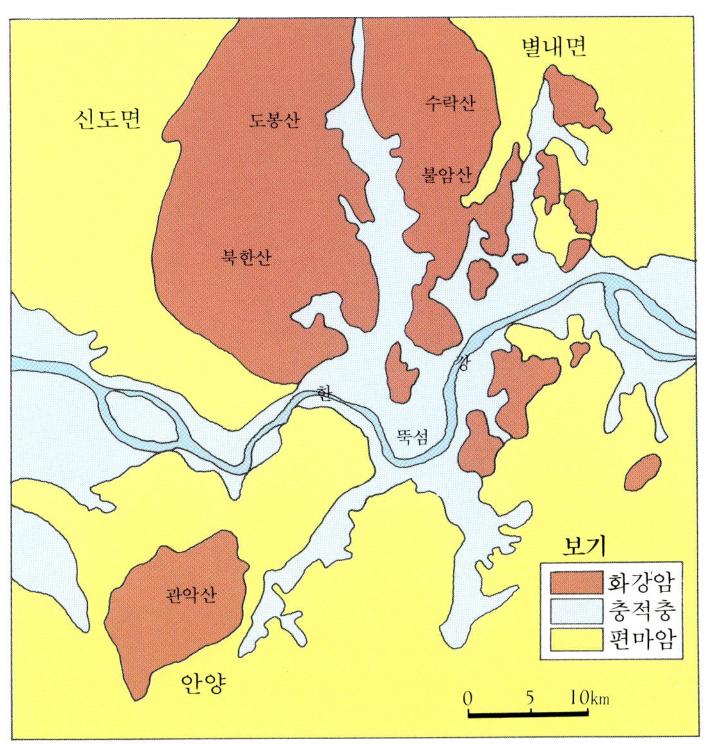

한강 유역의 지질

지질 시대의 분류

구분	고생대						중생대			신생대
기 (紀)	캠브리아기	오르도비스키	실루리아기	데본기	석탄기	페름기	트라이아스기	쥐라기	백악기	제3기
시작된 연대	600	500	425	400	330	275	230	185	140	65

※ 단위 : 백만 년

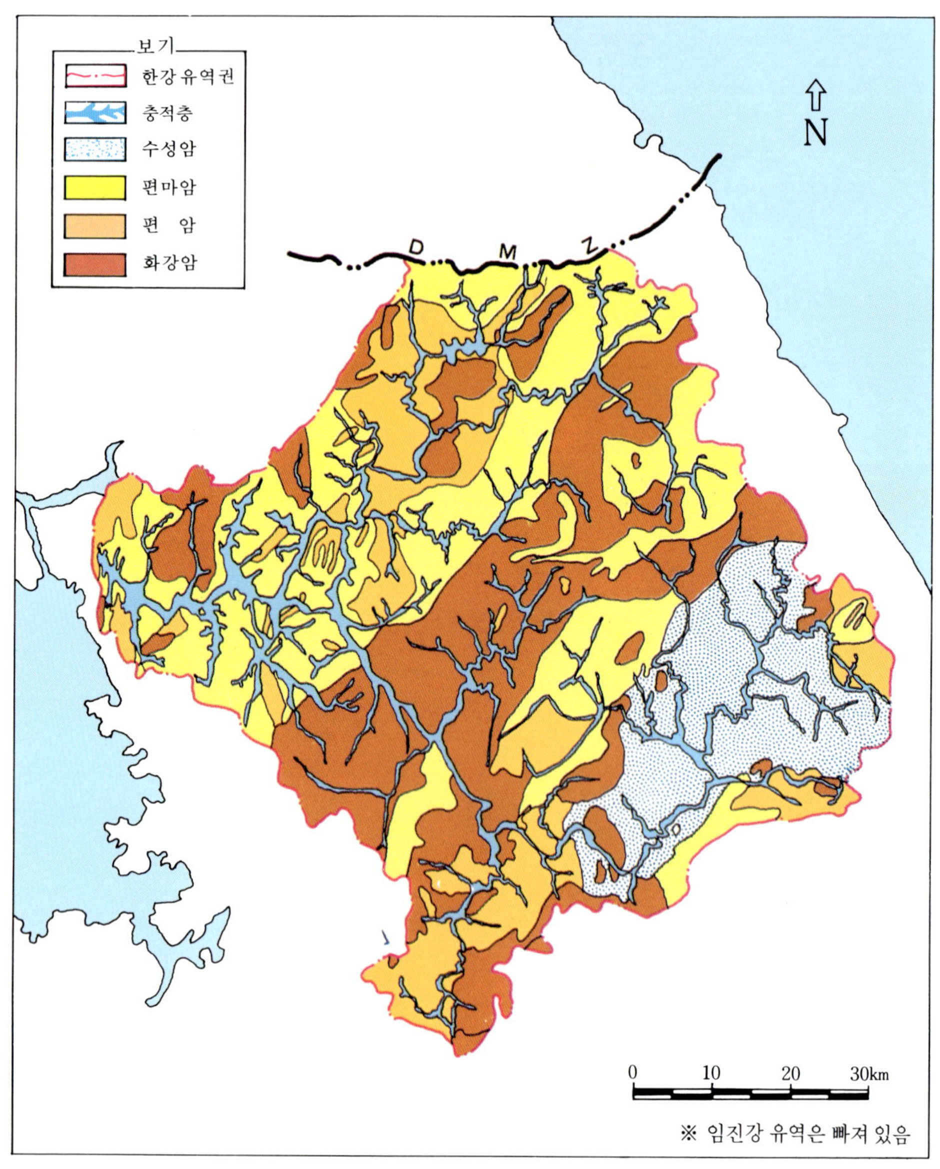
보기
한강유역권
충적층
수성암
편마암
편 암
화강암
N
D M Z
0 10 20 30km
※ 임진강 유역은 빠져 있음

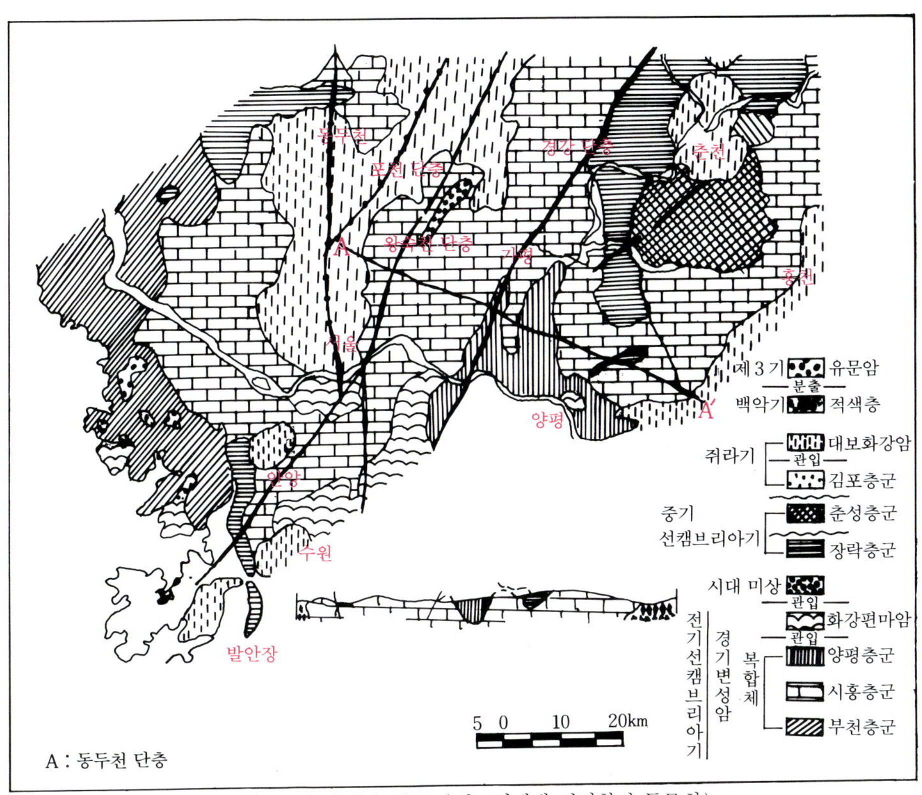

경기 육괴 서북부의 지질(「한국의 지질과 광물 자원」 연세대 지질학과 동문회)

경기 육괴와 옥천 지향사대

한강 유역의 대부분은 경기 육괴 지역(京畿陸塊地域)에 속하고 일부는 옥천 지향사대(沃川地向斜帶)에 속한다.

경기 육괴는 영남 육괴와 더불어 한반도 선캄브리아계의 기저부를 이룬다. 그 지역을 구성하고 있는 암석은 대부분이 화강암질 편마암과 이에 좁게 들어가 존재하는 편암과 규암으로 이루어진 변성암 복합체이다.

화성 활동

경기 육괴 지역에는 서울에서부터 철원 사이가 화강암 저반(底盤), 춘천에서부터 관악산을 통한 수원선을 따라 산재하는 소규모의 화강암 저반 또는 암주(岩柱) 및 반려암 암주 그리고 차령 산맥 화강암의 연속적인 저반이 발달하였다. 이들은 어느 것이나 중생대 후기의 화성암류로서 화성암 조직이 명확한 것들이다.

서울 주변의 지질 유형

구분	퇴적암류	화성암류
제4기	충적층 부정합	반암류, 유문암류, 관입화강암류
중생대	경상계 대동계 부정합	
선캠브리아기	연천계 준편마암류, 편암류	

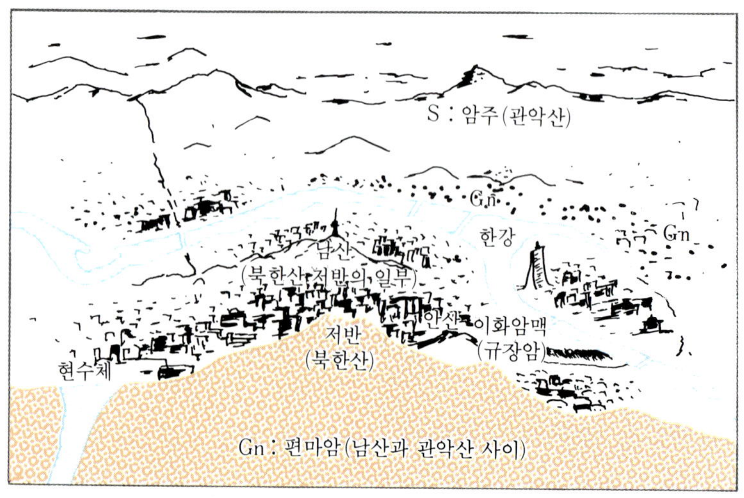

서울 부근의 지질(암석 분포)

구조구(構造區)

구조구에는 여러 가지 견해가 있을 수 있다. 이 지역은 경기 편마암 복합체를 기반으로 하여 중부 원생층(原生層)으로 추측되는 암층군이 북동부와 남서부에 분포한다. 소규모의 중생대층이 몇 군데의 함몰지에 퇴적되어 있다.

대규모의 단층군(斷層群)들이 북서—남동향, 북북서—남남동향, 남북 방향, 북북동—남남서향으로 평행하게 발달되어 있는데, 특히 북북동—남남서의 것들은 추가령 지구대의 남부 연장선에 해당하는 것으로 생각된다. 곧 단층군은 습곡 작용을 받아 심히 변형되어 있고 구조의 해석과 암석의 절대 연령치의 분석에서 나온 결과를 보면 선캄브리아기에 3회의 지각 변동이 있었다.

한강의 충적층

한강의 상, 중, 하류 유역의 충적층 두께는 각각 5.24미터, 5.97미터, 6.95미터로 나타났으며 그 값은 상류에서 하류로 내려감에 따라 점차 증가되어 가는 경향을 보이고 있다.

상류는 강원도 원성군의 섬강, 원곡천, 홍천군의 화동천, 충청북도 중원군의 영풍천, 괴산군의 석문천 등 여러 지역에서 33개의 시추공(試錐孔) 자료를 계산한 결과 평균 퇴적층의 두께는 5.24미터였다. 그 가운데 위층의 두께는 1.15미터이며 아래 층의 두께는 4.09미터이다.

중류의 충적층은 경기도 이천군의 복하천, 여주군의 양화천, 용인군의 경안천 등 여러 지류에서 얻은 52개의 시추 자료에서 평균 퇴적층의 두께는 5.97미터로 나타났다.

하류는 경기도 고양군의 창릉천과 화성군, 평택군의 안성천, 안양시의 안양천, 서울특별시의 중랑천 등의 자료에서는 평균 두께가 6.95미터로 나타났다.

서울 부근의 지질

여기서 서울 부근이란 북한강과 남한강이 합류하는 양수리에서 하류 쪽을 말한다. 이 주변의 지형은 한강 하류 연안 일대에 인접되는 구릉성 산지이다.

북쪽은 광주산맥 가운데 북한산과 도봉산이며, 남쪽은 관악산과 남한산성, 동쪽은 예봉산, 서쪽은 계양산 등이다. 또 한강의 지류인 경안천, 왕숙천, 양재천, 탄천, 한천, 청계천, 안양천, 창릉천, 굴포 유역의 일부도 포함된다.

이 유역의 지질은 대부분 선캠브리아기의 연천계 편암류와 준편마암류에다 중생대 말기의 불국사통에 속하는 화강암으로 구성되어 있다. 본 유역에 분포되어 있는 암석의 층위를 구분하면 다음과 같다.

암층(岩層)의 분포를 한강을 중심으로 하여 구분하면 한강 이북과 한강 이남 지역으로 양분되는데, 한강 이남 지역은 다시 동남부와 서남부로 나눌 수 있다.

한강 이북 지역의 연천계는 암상(岩相)에 따라 편암류와 준편마암류로 구분된다. 이들은 한강 이남 지역에까지 동북 방향으로 연장된 지층들이다. 이 지역의 중앙부에는 편마암이 넓게 분포한다. 연천계는 이 때문에 서부와 남부로 분리되어 분포하고 있다.

편암류는 서부에서는 문산에서부터 금촌 부근, 문산군 광탄면, 양주군 백석면 또 양수리 상류 북한강 연안에 분포되어 있고 기타 지역에서는 준편마암이 분포되어 있으며 이 지역에서 중생대 지층으로는 대동계와 경상계가 국부적으로 분포되어 있다. 대동계는 연천계 지층의 부정합으로 덮으며 김포군 통진 부근에 국한되어 소규모로 분포한다.

경상계 지층은 양수리 부근인 양주군 와부면 능내리에 국한되어 분포한다. 이들 중생대 지층과 화강암과의 층위 관계는 이 지역

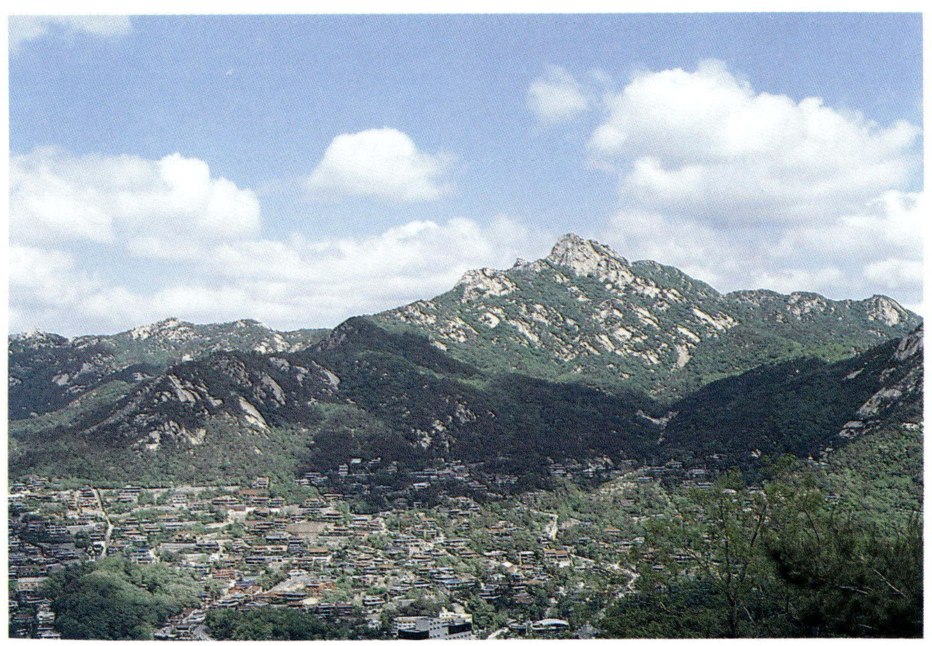

북한산　화강암은 한강 이남에서는 관악산을, 한강 이북에서는 북한산을 중심으로 광범위하게 분포되어 있다.

안에서는 직접 접하는 곳이 없으나 다른 지역과의 관계로 보아 화강암이 후기인 것으로 추측된다. 화강암은 한강 이남에서는 관악산을, 한강 이북에서는 북한산을 중심으로 북북동에서 남남서 방향으로 비스듬하게 만나며 광범위하게 분포되어 있다.

한강의 팔당 하류쪽의 지역 또는 그 주변 지류의 충적층에는 자갈, 고운 모래, 거친 모래, 점토, 진흙 등으로 된 범람원이 지역에 따라 다소 차이는 있으나 약 10미터 두께로 침식된 기반암을 덮고 있다. 이 퇴적층에는 주위 산지의 화강암, 편마암 등에서 공급된 둥그런 조약돌 등이 퇴적되어 있다.

한강 이남 지역

동남부 지역의 암석은 연천계의 편암류와 준편마암이 주를 이룬다. 전자는 결정 편암류로서 이에는 흑운모 편암을 주로 하여 석회암, 활석 편암, 녹니석(綠泥石) 편마암이 좁게 나타나고 있다. 암층은 한강 지류인 양재천 서쪽과 남한산성 동쪽에 있는 단층의 동쪽에 넓게 분포되어 있으며, 이 지역의 서부에서는 흑운모 편암이 주요 암석이다. 관악산 부근에서는 화강암이 관입되어 있다.

서남부 지역의 편암류는 탄평리 편암, 안양 규암층으로 구분된다. 이것을 동남 지구와 비교하면 편암류는 결정 편암류이며, 안양 규암층은 앞의 암층을 부정합으로 덮고 있으며, 안양 서부에 있어서는 북북동 방향으로 대상(帶狀) 분포를 보이고 있다. 흑운모 편마암은 안양 남부에 분포되어 있는데 안구상 편마암(眼球狀片痲岩) 등으로 구성되며 간혹 편암류를 관입한 곳도 있다.

지형(地形)

일반적 특색

한강 유역의 산계는 대체로 북북동에서 남남서로 향하고 있으며, 해발 300에서 400미터의 저산성 구릉지에 속한다.

한강의 유로는 금강산에서 발원하여 강원도 화천군으로 흐르는 북한강과 강원도 설악산, 한계령 방면에서 인제를 거쳐 춘천으로 흐르는 소양강과 춘천에서 합류된다.

이곳에서 강원도 정선, 영월, 단양을 거쳐 충주와 여주로 흐르는 남한강과 경기도 양수리에서 합류되어 서울쪽으로 흘러 황해로 들어간다.

한강의 하계망은 비교적 단순한 수지상(樹枝狀)을 이루는 것이

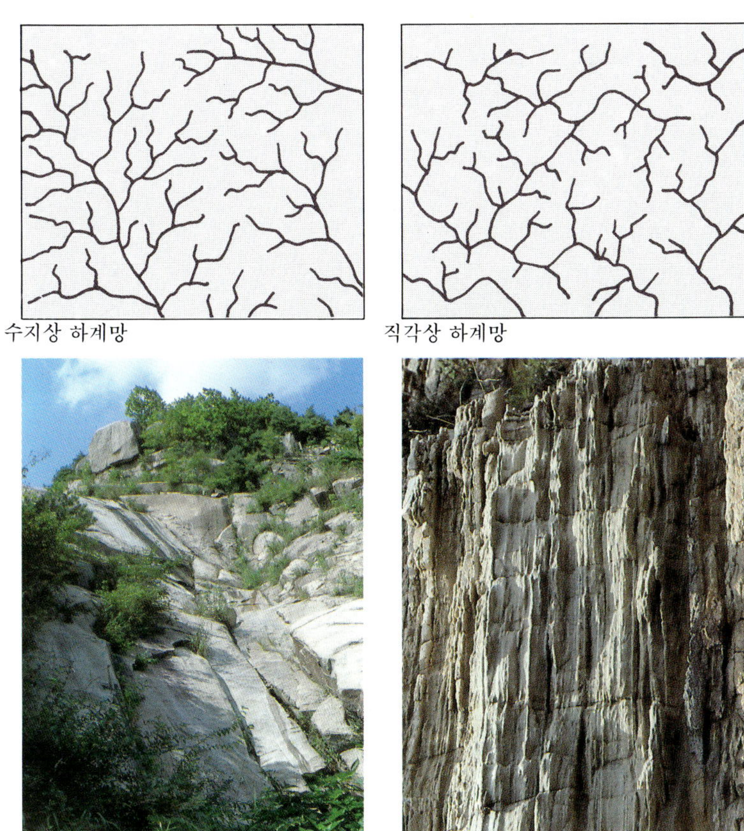

보통이지만 청평, 가평, 춘천, 평내 등지의 경춘 가도를 따라서는 규모가 큰 단층에 의한 절리(節理)나 소규모 단층을 따라 발달하는 직각상(直角狀)의 하계망이 발달되어 있다.

한강 유역의 지형은 범람원과 구릉 및 산악 지대로 구분되며 경작이 가능한 지역은 낮은 범람원과 구릉 지대이다. 한강의 유로를

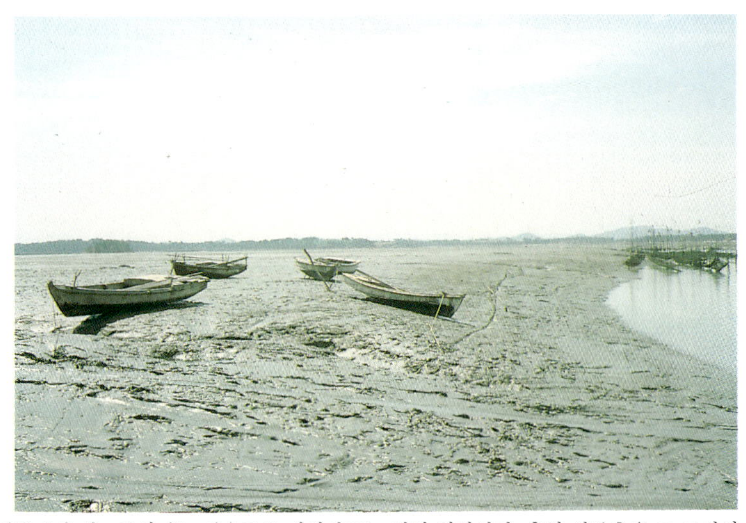

간석지의 예 간석지는 배수로를 제외하고는 거의 평탄하다. 충적 하부층은 그 크기의
변화가 다양하다.

중심으로 해서 주변 하안의 지형만을 살펴보면 하부가 충적층으로
되어 있는 내륙부와 해안에 인접된 간석지로 구분된다. 간석지는
배수로를 제외하고는 거의 평탄하다. 충적 하부층은 그 크기의 변화
가 다양하며 산지와 평지가 접하는 지역에는 곳곳에 산록 완사면
(山麓緩斜面)이 형성되어 있다.

지형의 고도는 서에서 동으로 가면서 점점 높아진다. 특히 남한강
과 북한강이 합류되는 양수리 부근에서부터 하류 쪽으로 여러 곳에
넓은 하곡(河谷) 지대가 발달하고 있으며 남한강 쪽 상류인 충주까지
넓은 하곡 평야가 발달되었다.

하상의 구배(勾配)는 하류의 경우 1킬로미터마다 20미터 정도
낮아지나 상류에서는 1킬로미터마다 4미터까지도 낮아지고 지류가

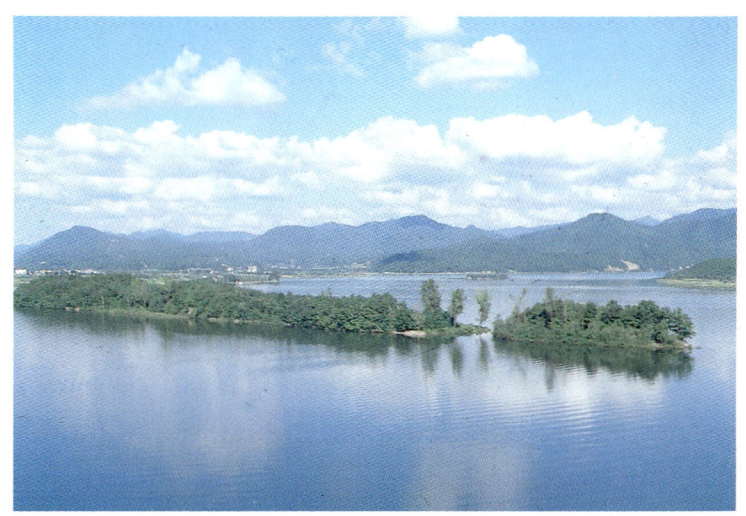

양수리 부근　지형의 고도는 남한강과 북한강이 만나는 양수리 부근에서부터 하류쪽으로 여러 곳에 넓은 하곡 지대가 발달하고 있다.

본류에 유입될 때의 하상 구배는 매우 크다.

유역의 지질 구조는 이 지역 안의 지하수 활동에 많은 영향을 주고 있다. 단층이 지하수 활동을 억제하고 있는 반면 단층과 절리 또는 파쇄대(破碎帶)가 지하수 활동의 통로 역할을 하고 있는 곳도 있다.

서울 부근의 지형

한강과 임진강이 합류되는 한강 하류는 바로 추가령 지구대의 입구이다. 임진강은 저지대를 흐르고 있고, 이 저지대에 병행하여 광주산맥은 북북동에서 남남서의 주향을 유지하면서 주로 연천계의 변성암과 화강암으로 구성되며 남쪽에 단층애(斷層崖)를 보이고

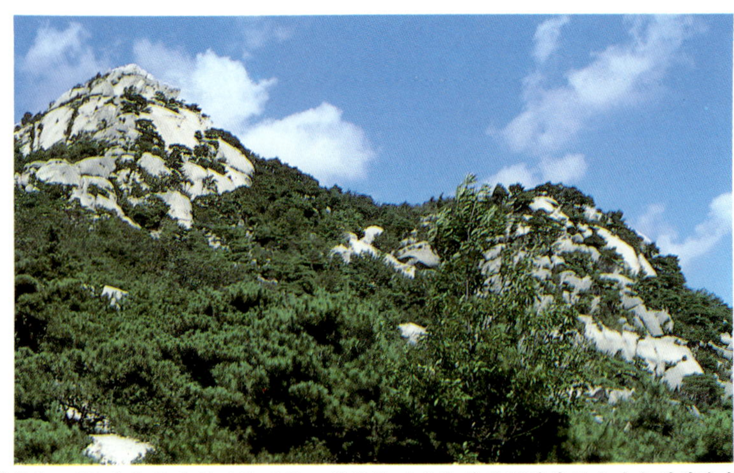

불암산 광주산맥 중의 화강암 잔구로 암석의 절리에 의해 돔형의 봉우리가 형성되어 있다.

있다. 이러한 단층애는 특히 연천계의 편마암과 준편마암의 지질 경계선에 잘 나타나 있다. 북한산, 청평 부근과 경안천 연안에 있는 단층애가 바로 그것이다. 연천계의 변성암이나 중생대의 화강암도 한국의 지질 구조의 방향인 중국계 방향에 따라서 절리의 발달이나 주향이 결정되는 것이 특색이다.

광주산맥은 오랫동안의 침식으로 인하여 구릉화되었다. 한강 북부에는 100에서 500미터의 구릉이 대부분이고, 북한강 상류에서는 일부 1,000미터 이상의 산지를 구성하고 있다. 이에 비해서 한강 이남에서는 1,000미터 이하의 구릉이 대부분이고 500미터 정도의 산지는 잔구형으로 나타나고 있다. 한강 이북에서 북한산(836미터), 도봉산(716미터), 수락산(637미터), 불암산(567미터), 인왕산(338미터), 안산(295미터), 한강 이남의 관악산(629미터) 등은 광주산맥 중의 화강암 잔구로 암석의 절리에 의해 돔(dome) 형의 봉우리가 형성되어 있다.

한강 연안에 가까이 있는 지형을 보면 양수리 부근의 능내리까지는 연천계의 변성암인 편암류 지대이다. 연안에는 다소의 충적지가 있으나 양수리에서 팔당 부근은 같은 계통의 편마암으로 된 산지가 연안까지 임박하여 하도(河道)의 협공(峽功) 지대를 형성하고 있다. 창우리에서 광장동 아차산까지는 편암의 구릉 지대이며 그 지역은 하천의 곡류가 심한 지역으로 하중도(河中島), 자연 제방이 교차된 넓은 범람원의 충적 평야가 전개되고 있다.

아차산에서 서강까지의 지역은 화강암, 편암이 주이고 편마암이 다소 분포되어 있는 지역으로는 암사동 대안의 워커힐과 뚝섬 부근이다. 서빙고 대안의 동작동과 서강에는 편암의 독립 구릉이 공격 사면을 형성하고 있다.

난지도 이하는 편마암의 구릉 지대로 한강 이북은 편암, 행주산성의 고립 구릉 이남은 철산(화강암), 고촌(편암)의 고립 구릉이 역시 공격 사면을 형성하고 있다.

이와 같이 이 지역은 창우리에서 행주 신평리까지는 하도의 변천이 가장 심한 완류(緩流) 지역으로 고립 구릉의 공격 사면과 저평한 평지의 활주 사면의 위치 관계로 하천의 사행(蛇行)에 따라서 당정, 미사리, 잠실, 여의도의 하중도는 강 남쪽에 석도, 뚝섬, 난지도 등의 범람원은 강 북쪽에 위치하고 있다.

한강의 규모

한강의 발원지

어떤 강의 하류부터 물줄기로 거슬러 오르며 나뉘는 여러 물줄기 가운데 가장 먼 곳을 강의 발원지(發源地) 또는 수원(水源)이라고 한다. 「세종실록지리지」를 비롯 「동국여지승람」 「택리지」 「대동지지」 등 옛 문헌에 한강의 발원지로 기록된 곳은 "오대산 우통수"란 샘이다.

고려말 조선초의 학자인 양촌 권근(權近;1352〜1409년)은 기문(記文)에 다음과 같이 이 샘에 대하여 적고 있다.

오대산 서대(西臺) 장령(長嶺) 밑에 샘물이 솟아나는데 그 빛깔이나 맛이 특이하였다. 무게도 보통물보다 무거웠고 사람들은 그 샘물을 우통수(于筒水)라고 불렀다.

우통수는 바로 한강의 수원(水源)이다. 사람들은 우통수의 빛과 맛이 변하지 않음이 마치 중국 양자강의 경우와 마찬가지라는 뜻에서 중령(中泠)이라고도 불렀다. 중령이란 중국의 고사에 나오

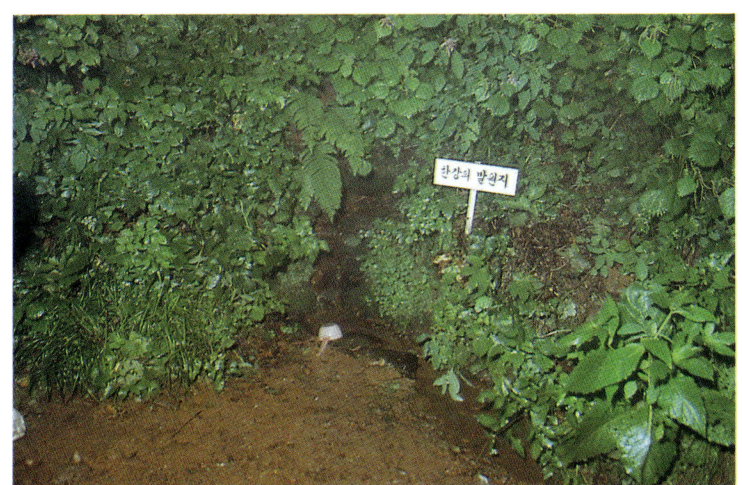

한강의 발원지

는 물이름인데 여러 줄기의 냇물이 모여서 강을 이루고 바다를
이루지만 중령의 물만은 다른 물보다 어울리지 않고 그 찬맛을
그대로 간직하고 있다는 고사를 말하는 것이다.

그러나 1918년 조선총독부 임시 토지 조사국에서 우리 국토를
9년 동안 실측, 조사한 결과 "한강의 수원(水源)은 강원도 삼척군
하장면이며, 하구까지의 길이는 514.4킬로미터"라고 발표하였다.
현대 문헌에서는 거의 이 기록을 활용하고 있는 실정이다.
　　그러나 이 기록은 다음 몇 가지 점에서 문제점을 발견할 수 있
다. 첫째, 기술적인 면에서 하구의 위치를 잘못 선정한 점이다. 또
발원지(發源地 ; 水源)의 위치를 면(面) 단위까지 발표해서 정확성을

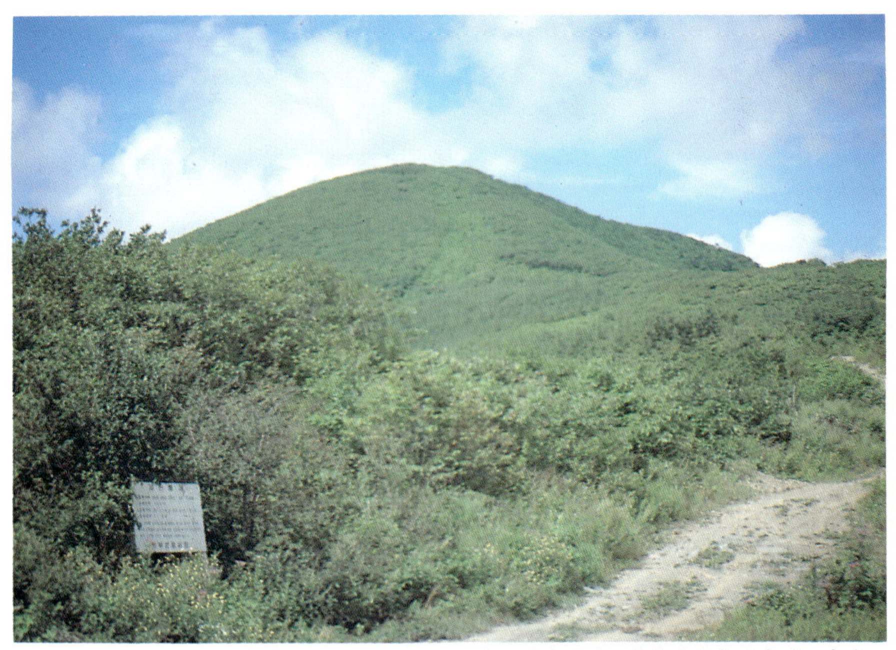

금대산　현재 사용하고 있는 국립지리원 발행의 지형도에서 한강의 법정 하구인 유도 산정으로부터 남북으로 그은 직선에서 가장 거리가 먼 발원지를 곡선자로 계측한 결과 강원도 태백시 창죽동 금대산 북쪽 계곡이었다.

기하지 못했다. 둘째, 시기적으로 약 70년 전 자료이기 때문에 자연적인 침식, 운반, 퇴적 등 유로의 변경 및 직강(直江) 공사로 인한 인위적인 유로의 변동 가능성을 지적할 수 있다.

한편 현재 사용하고 있는 국립지리원 발행의 축척 1:50,000 및 1:25,000 지형도에서 한강의 법정 하구인 유도 산정으로부터 남북으로 그은 직선에서 가장 거리가 먼 발원지(최장 발원지)를 곡선자(Curvimeter)로 계측한 결과 '강원도 태백시 창죽동 금대산(1,418미터) 북쪽 계곡'이었다.

한강의 길이

현재 사용하고 있는 국립지리원에서 발행한 축척 1:50,000 및
1:25,000 지형도에서는 한강의 본류 및 지류의 길이를 계측한 결과
는 다음과 같다.

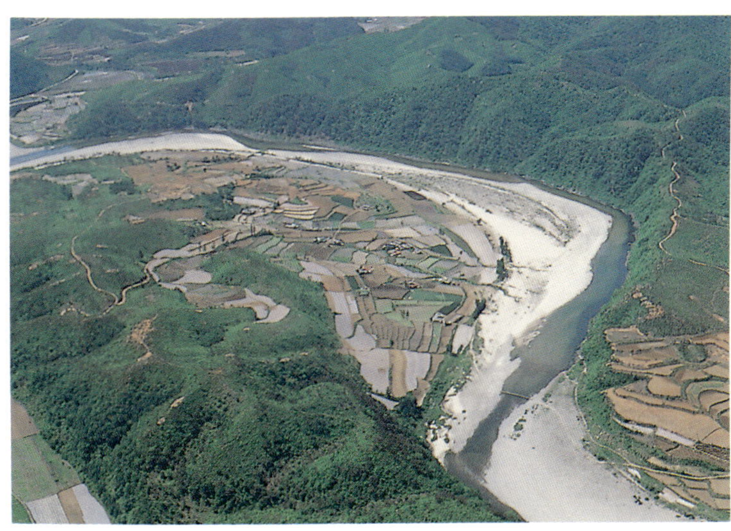

골지천 곡류(강원
도 정선군 임계
군 부근)

한강 본류의 길이

한강의 두 큰 물줄기인 남한강과 북한강의 길이를 두 강물이 합류
하는 양수리(兩水里)에서 두 물줄기의 끝지점인 발원지까지 거리를
계측한 결과, 남한강 394.25킬로미터, 북한강이 325.5킬로미터로
남한강이 북한강보다 68.75킬로미터 더 길다.

다음으로 오대산 우통수(오대천)와 태백시 창죽동(옛날 삼척군
하장면 지역;골지천)까지의 길이를 비교한 결과, 다음 표와 같다.

오대천과 골지천의 길이 비교

※ 단위:킬로미터

구분	종점	수원(水源)	하천 거리	직선 거리
오대천	합류점	오대산 두로봉	61.25	42.9
골지천	〃	금대산(창죽동)	93.75	34.75
비고			−32.5	＋ 8.15

위 표와 같이 합류점에서 발원지(水源)까지의 직선 거리는 오대
천이 8.15킬로미터 더 길며, 하천으로의 거리는 골지천이 32.5킬로
미터 더 길다. 따라서 우리의 선조들은 하천의 굴곡보다 위치상
원거리를 하천 발원지로 우선하여 정했을 가능성이 높다.

한편 한강 전체의 길이는 한강의 법정 하구인 '유도 산정으로로부
터 남북으로 그은 직선'에서 최장 발원지인 태백시 창죽동, 금대산
북쪽 계곡까지는 497.5킬로미터로 조선총독부에서 발표했던 길이
514.4킬로미터 보다 16.9킬로미터 더 짧다.

한강 주요 지류의 길이

한강의 주요 지류별 길이를 1918년 조선총독부에서 발표한「조선
지지자료」와 현재 사용하고 있는 국립지리원 발행 정밀 지형도상의
계측 결과를 비교해 보면 다음과 같다.

단 (   ) 속의 기록은 1918년도에 발간된「조선지지자료」의 자료
이며 행정 구역은 도, 군, 면의 명칭을 생략하였다.

송천(松川)　67.5(62.1)킬로미터

발원지/평창군 도암면 횡계리 삼정편 황병산 북동 계곡(강원
정선 도암)

하구/정선군 북면 유천리 아우라지(강원 정선 북면)

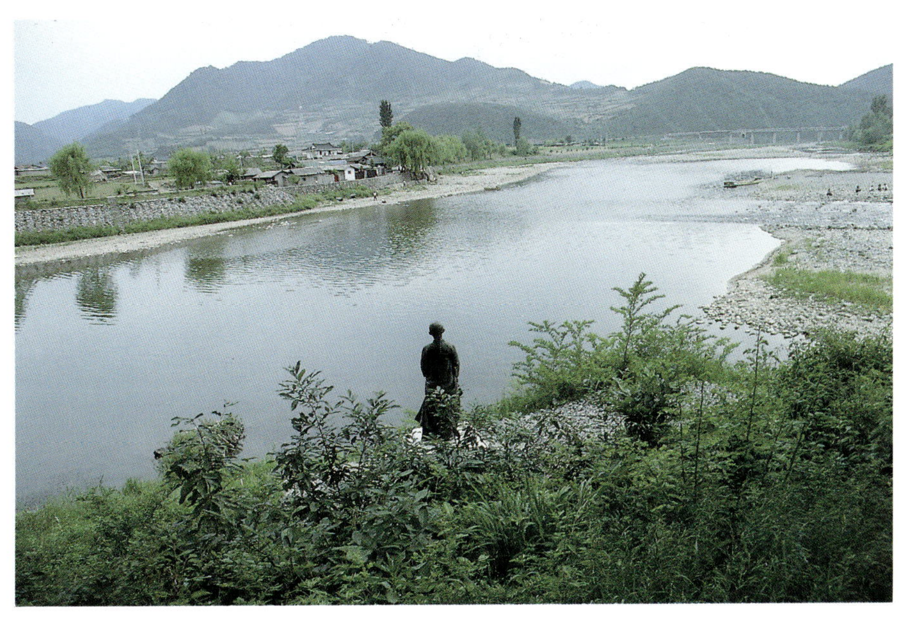

송천 하구 강원도 정선군 북면 유천리 아우라지가 송천의 하구이다. 이곳에는 정선아
리랑의 전설을 소개하는 듯 처녀의 동상이 세워져 있다.

오대천(五臺川)　61.25(55)킬로미터

발원지/평창군 진부면 동산리 두로봉 남쪽 계곡(강원 평창 진부)

하구/정선군 북면 나전리(강원 정선 북면)

평창강(平昌江)　149(145)킬로미터

발원지/평창군 용평면 노동리 계방산 남동 계곡(강원 평창 진부)

하구/영월군 영월읍 하송리와 팔괴리 사이(강원 영월 남면과 영월)

주천강(酒泉江)　118(86)킬로미터

발원지/횡성군 둔내면 화동리 두구미 태기산 남쪽 계곡(강원 횡성 둔내)

하구/영월군 영월읍 하송리와 팔괴리 사이(강원 영월 서면)

※ 주천강은 평창강의 지류이나 하구는 평창강 하구를 기준으로 계측하였음.

옥동천(玉洞川)　56(51)킬로미터

발원지/영월군 상동읍 천평리 상천평 구룡산 동쪽 계곡(경북 봉화 춘양)

하구/영월군 하동면 대야리 맡밭(강원 영월 하동)

제천천(堤川川)　67(65)킬로미터

발원지/원성군 신림면 성남리 상원골 남태봉 남동 계곡(강원 원주 신림)

하구/중원군 동양면 사기리와 명오리 사이(충북 제천 수하)

달천(達川)　127.9(119.3)킬로미터

발원지/보은군 내속리면 사내리 속리산 비로봉 서쪽 계곡(충북 보은 속리)

하구/충주시 칠금동과 중원군 가금면 창동리 사이(경기 여주 강천—강원 원성 부근)

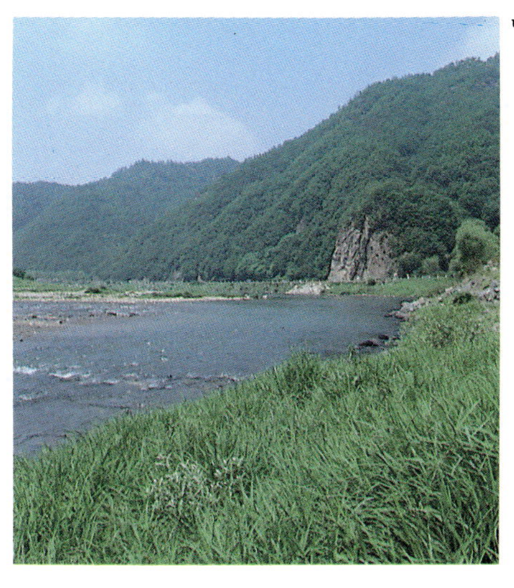

섬강(蟾江)　103.5(92.6)킬로미터

발원지/횡성군 청일면 속실리 봉복산 서쪽 계곡(강원 횡성 청일 갑천)

하구/원성군 부론면 홍호리 동매 부락(경기 여주 강천―강원 원성 부근)

청미천(淸渼川)　64(66.1)킬로미터

발원지/용인군 원삼면 사암리 안골 문수봉 북동 계곡(경기 용인 원삼)

하구/여주군 점동면 도리(경기 여주 고동)

흑천(黑川)　43(41.5)킬로미터

발원지/양평군 청운면 도원리 성재동 금물산 서쪽 계곡(경기 양평 청운)

하구/양평군 개군면 앙덕리와 양평읍 회현리 사이(양평 갈산― 여주 개군)

북한강(北漢江) 325.5(317.5)킬로미터

발원지/회양군 주동면 신흥리 옥전봉(玉田峰) 북쪽 계곡(강원 회양 사동)

하구/양평군 양서면 양수리 합수점(강원 양평 양서—양주 와부)

소양강(昭陽江) 169.75(166.15)킬로미터

발원지/홍천군 내면 명개리 만월산 남서쪽 계곡(강원 인제 내면)

하구/춘천시 우두동 제2의 소양교 250미터 서쪽(강원 춘천 신남—서화)

※ 소양강은 북한강의 지류임.

서화천(인북천) 77.5(74.25)킬로미터

발원지/인제군 서화면 화학동 1146고지 남동 계곡(강원 인제 서화)

하구/인제군 인제읍 합강리(강원 인제—인제)

※ 서화천은 소양강의 지류임.

홍천강(洪川江) 143(136.2)킬로미터

발원지/홍천군 서석면 생곡리 상대월 미약골 산북쪽(강원 홍천 서석)

하구/춘성군 남면 관천리와 가평군 설악면 송산리 사이(강원 춘천 남면—경기 양평 설악)

※ 홍천강은 북한강의 지류임.

경안천(慶安川, 金良川) 50.75(49)킬로미터

발원지/용인군 용인읍 호리 용해곡 상봉(140미터) 동쪽 계곡(경기 용인 수여)

하구/광주군 남종면 분원리와 삼성리 사이(경기 광주 퇴촌–남종)

곡릉천(曲陵川) 54.25(51.6)킬로미터

발원지/양주군 장흥면 부곡리. 챌봉 남쪽 계곡(경기 양주 백석)

하구/파주군 교하면 송촌리 큰말(경기 파주 청석)

임진강(臨津江)　(254킬로미터)

발원지/덕원군 풍상면 용포리 아호비령 두류산 남쪽 계곡(한남 덕원 풍상)

하구/파주군 탄현면 성동리와 개풍군 임한면 정관리 사이(경기 파주 탄현—개성 임한)

한강 유역의 넓이

하천 유역이란 어떤 강의 사방에 있는 분수계(分水界)에 의하여 둘러싸인 지역을 말한다.

한강 유역의 넓이는 한강의 본류와 지류 유역의 총화를 말한다.

1918년에 발간된 「조선지지자료」에 의하면 한강 유역의 넓이는 1천 7십만 3,823 방리(方里), 임진강 유역의 넓이는 52만 6,309 방리(方里)로 기록되어 있다. 여기에서 문제점은 한강의 제1지류인 임진강을 독립된 하천으로 구분하는 오류를 범하였으며, 현재까지도 비판없이 이를 답습하고 있는 실정이다.

각종 문헌에 기록된 한강 유역의 넓이는 다음과 같다.

한강 유역의 넓이

※ 단위:제곱 킬로미터

문헌명	한강	임진강	합계	비고
중·고교 사회과부도	26.279	8.118	3.4397	문교부
지명요람	26.218.9	8.118		건설부
백과대사전	26.270	8.118		학원사
백과대사전 (북한 포함)	26.018 34.473	8.118		동아출판사

한강의 하구

　강물이 바다로 흘러 들어가는 어귀를 하구(河口)라고 하는데 하구의 위치는 하천의 길이 확정에 중요한 역할을 한다.

　한강의 하구는 크게 세 가지 주장이 있다. 첫째, 조선총독부에서 발간(1918년)한 「조선지지자료」에는 "경기도 강화군 양사면과 개성군 광덕면 사이"로 기록(그림①)되어 있다. 둘째, 하천법에 의한 건설부 직할 하천 기준 종점으로 "경기도 강화군 월곶면 보구곶리 유도(留島) 31미터 산정(山頂)으로 부터 남북으로 그은 직선"으로 「한국의 하천일람」(1982년)에 기록(그림②)되어 있다. 셋째, 임진강을 독립된 하천으로 간주한 "김포군 하성면 시암리와 파주군 탄현면 성동리 사이"로 기록(그림③)된 서울특별시 발간 「한강사」(1985년)를 들 수 있다.

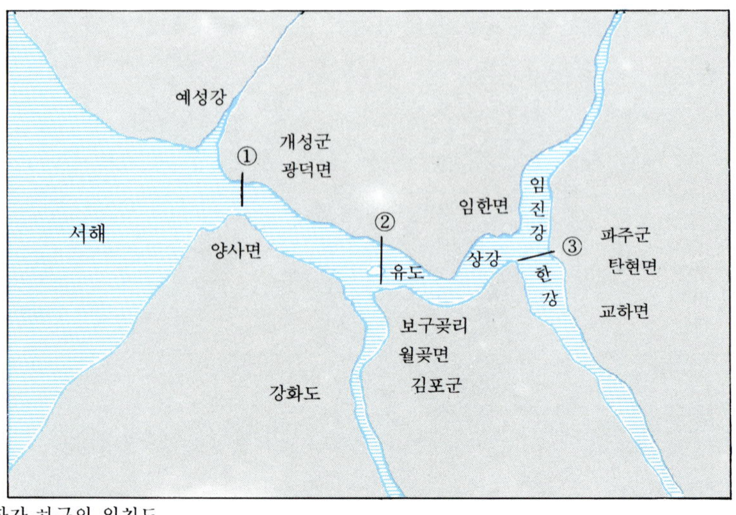

한강 하구의 위치도

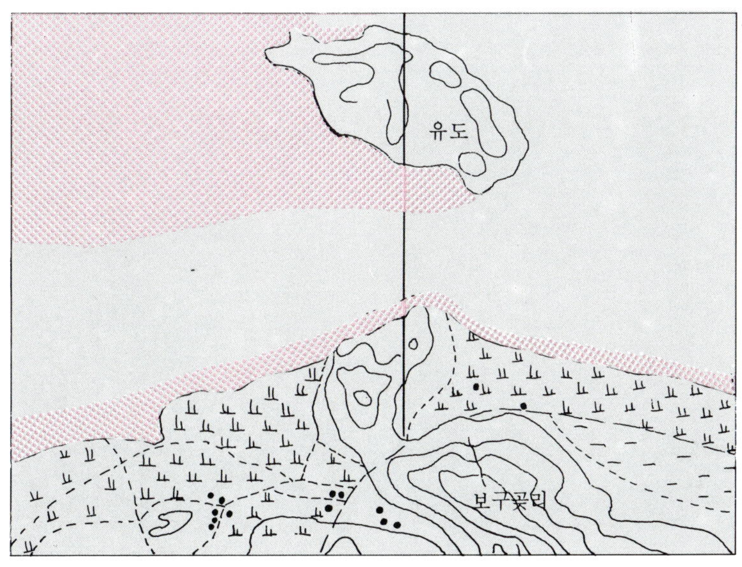

　여기에서 「조선지지자료」의 기록은 강화도를 바다 가운데 위치한 섬으로 보지 않고 육지에 연결된 땅으로 간주하는 오류를 범하였다. 그런데 현재 활용되고 있는 한강의 길이(514.4킬로미터)는 이 기준에 의한 것이다.

　반면 「한강사」에 표기된 임진강을 한강의 수계(水系)에 포함시키지 않고 독립된 하천으로 본 견해는 임진강과 한강이 만나는 합류점에서 바다로 들어가는 어귀인 유도까지를 '하천'으로 간주하지 않고 '바다'로 간주하였기 때문이다. 따라서 이 견해는 합리성이 결여되었다. 이 구역은 예로부터 조강(祖江) 또는 경강(京江)이라 불리우고 기록되었다.

　그러므로 한강의 하구는 하천법 제11조 규정(1982. 2. 4. 대통령령 제10720호)에 의한 "유도 산정으로부터 남북으로 그은 직선"이며 이곳이 한강물이 바다로 들어가는 어귀라고 할 수 있다.

한강 유역의 문화 유적과 설화

차수(茶水)와 오대산 우통수

신라 정신왕(淨神王)의 태자 보질도(寶叱徒, 寶川)는 아우 효명(孝明) 태자와 더불어 대관령을 넘어 각기 1천 명을 거느리고 성오평(省烏坪)에 이르러 여러 날 놀다가 태화 원년 8월 5일에 형제가 함께 오대산으로 숨어 들어갔다. 그 둘을 따르던 무리는 태자 형제를 찾지 못하고 모두 함께 서울(경주)로 돌아갔다. 형태자는 오대산 중대 남쪽 밑 진여원(眞如院;현 상원사) 터 아랫산 끝에 푸른 연꽃이 핀 것을 보고 그곳에 풀로 암자를 짓고 살았다. 아우 효명은 북대의 남쪽 산 끝에 푸른 연꽃이 핀 것을 보고 그곳에 또한 풀로 암자를 짓고 살았다. …진여원에는 문수보살이 날마다 이른 아침에 36형으로 화하여 나타났다. 두 태자는 함께 예배하고 날마다 이른 아침에 골짜기 물(于洞水)을 길어다 차(茶)를 달여 일만진신(一萬眞身)의 문수(文殊)보살께 공양했다.

이상은 「삼국유사」 제 3권의 기록 가운데 하나이다.

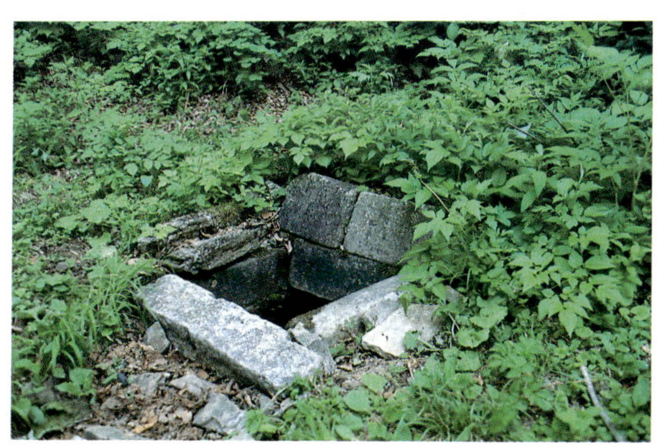

오대산 우통수

  이 책을 지은 일연은 "정신은 정명(政明), 신문(神文)의 와전으로
서 정신대왕은 곧 제31대 신문왕(神文王;政明은 신문왕의 이름)이
고 후일 왕위에 오른 효명태자는 서기 692년에 즉위한 효소왕(孝昭
王)"이라고 하였다.

  우통수(于洞水)와 차(茶)에 관한 기록은 위의 기록 밖에도 「삼국
유사」 권3 '대산오만진신(臺山五萬眞身)조'와 일연과 거의 같은 시기
에 활동했던 민지(閔漬)가 찬(撰)한 「오대산 월정사적」에 전해지고
있다.

  또 "이 우통수가 흘러나오는 곳에 서대(西臺) 수정암(水精庵)이
있었다. 초창은 보질도와 효명의 시대라고 전하는데 고려 중기까지
도 많은 수행승들이 수도하던 곳이었다. 그런데 고려 공민왕 말년
(1392년) 가을에 원인모를 불이 나서 수정암은 폐허가 되었다.
그 뒤 수정암이 불탄 자리에 새 건물을 지으려는데 우통수(于筒水)

옆, 숲 아래에 놀랍게도 주춧돌이 그대로 남아 있어 한눈에 절터임을 알 수 있었다. 그 해 가을 드디어 낙성을 보았는데 큰법당이 5량의 작은 규모였다"라고 '오대산 서대 수정암 중건기'에 기록되어 있다.

이처럼 한강의 수원(水源)인 오대산 골짜기 물인 우동수(于洞水)는 우중수(牛重水)로, 다시 우통수(于筒水)로 명칭이 바뀌어졌다.

그리고 고려 말 조선 초기의 문신 이행(李行)에 의해 충주 달천에 이어 우리나라에서 차(茶) 끓이는 두번째로 좋은 물로 품급이 매겨졌다.

차(茶) 달이는 물로 유명해진 우통수 물은 서쪽으로 수백 리를 흘러 서울 남산 기슭, 한남동 앞에 이르도록 맛과 빛이 변하지 않고

한강의 발원 계곡

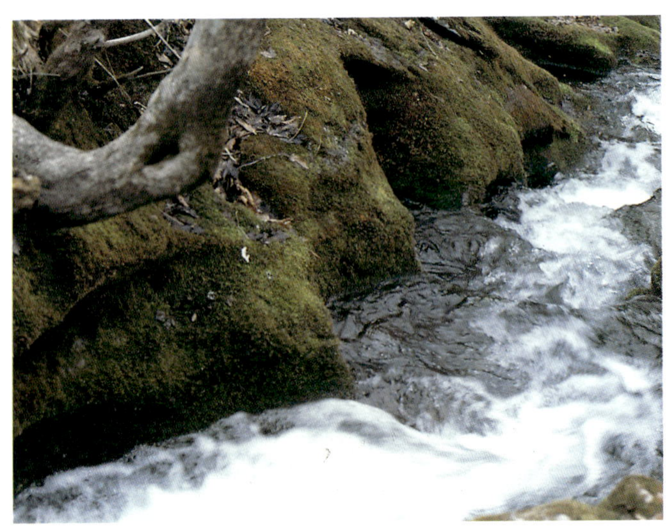

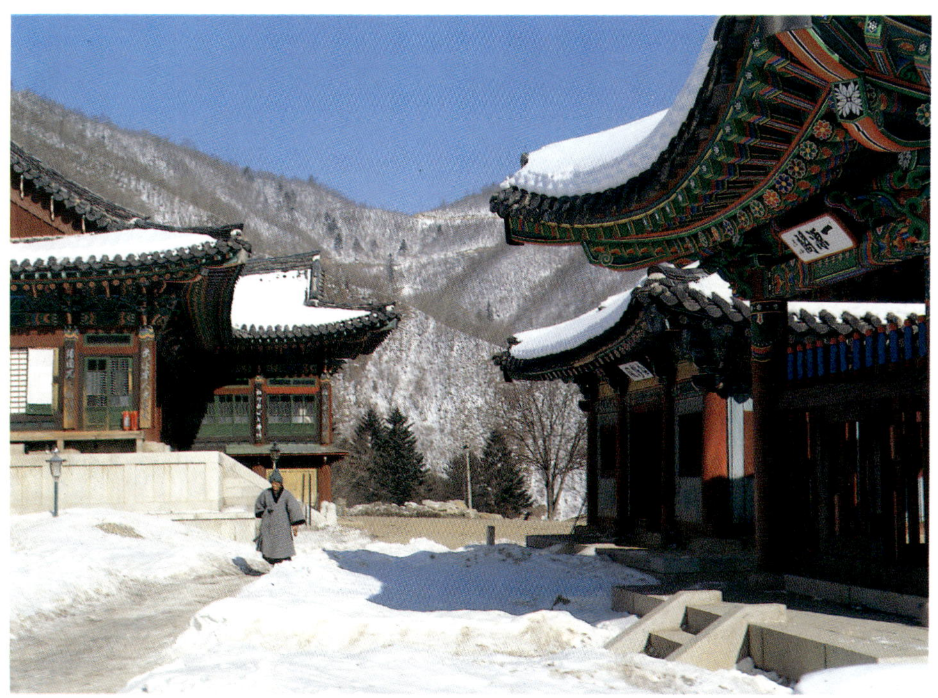

오대산 상원사   강원도 평창군 진부면 동산리 청량산에 있는 상원사는 월정사에 속해 있던 암자였다. 현재 우리나라에서 가장 오래된 범종이 전하고 있다.

무거워, 궁중에서 탕약의 약수나 차 달이는 물을 쓰고자 할 때에는 한남동에서 배를 타고 강 가운데로 가서 두레박을 이용하여 물속 깊이 흐르는 강심수(江心水;즉 우통수)를 길어다가 사용하였다고 「한경지략(漢京識略)」에 기록되어 있다.

　현재 아무런 보호나 보존의 혜택도 받지 못하고 있는 우통수(于筒水)는 석판을 다듬어 네모 반듯하게 만들어져 있으며 그 깊이는 약 60센티미터이다.

고씨 동굴

영월군 하동면 진별리에 위치한 고씨 동굴은 남한강변의 절벽 위에 동굴 입구가 있다.

나룻배를 타고 강을 건너야 들어갈 수 있는 고씨 동굴은 오래 전부터 알려진 석회 동굴이다. 그러나 이 동굴을 누가, 언제 최초로 발견했는가에 대해서는 알려지지 않고 있다. 다만 임진왜란 때 왜병이 쳐들어오자 이 부근에 살던 고씨(高氏) 일가가 이 동굴로 피난하여 난을 피했다는 이야기가 전해 내려올 뿐이다. 이 동굴을 '고씨굴'이라고 부르게 된 까닭도 그 때문이라 한다.

전형적인 석회 동굴인 고씨 동굴은 길이가 6.3킬로미터나 되며 동굴 내부에 호수를 비롯하여 3개의 폭포와 6개소의 광장이 있어 마치 지하 궁전을 방불케 한다. 천연기념물 제219호로 지정되어 있다.

한강 본류 주변의 유명한 동굴로는 영월의 백룡 동굴, 용담굴, 대야굴, 단양의 온달굴, 고수 동굴, 노동굴, 천동굴 등이 있다.

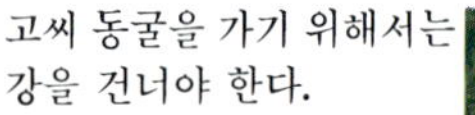

고씨 동굴을 가기 위해서는 강을 건너야 한다.

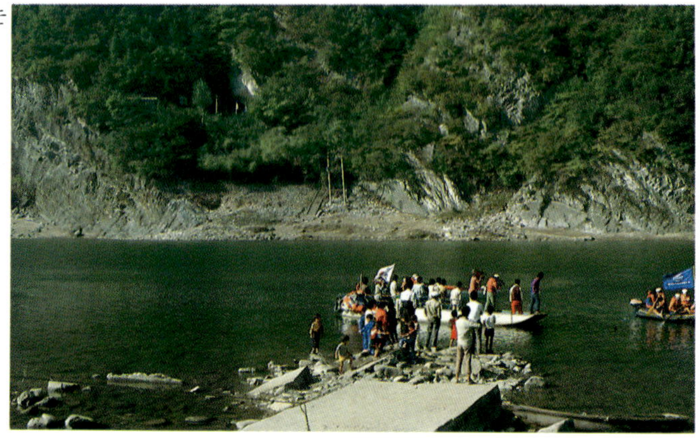

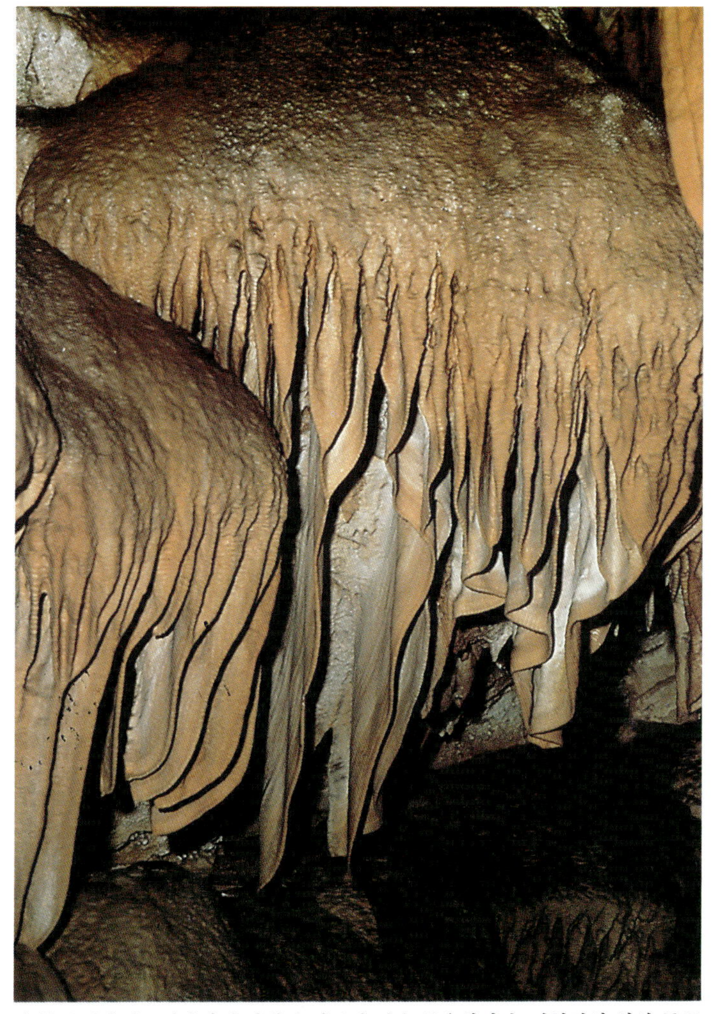

고씨 동굴 종유석　벽면에 흘러내린 커튼과 같은 종유석이다. 전형적인 석회 동굴인 고씨 동굴은 길이가 6.3킬로미터나 되며 동굴 내부는 마치 지하 궁전을 방불케 한다.

영월 낙화암과 어라연

　　영월읍 영흥리에 위치한 낙화암은 금강정에서 동쪽으로 500미터 지점에 있는 깎아지른 석벽을 말한다.

　　1457년 10월 24일 유시(酉時)에 단종이 승하하자 단종을 모시던 시녀 6명이 이곳의 푸른 강물에 몸을 던져 단종과 죽음을 같이 하였다. 이때 순절한 시녀는 궁녀 자개(者介), 관비 아가지(阿加之), 궁비 불덕(佛德), 무녀 용안(龍眼), 내은덕(內隱德), 덕비(德非)이다.

영월 낙화암(아래)과 기생 고경춘의 비석(오른쪽)

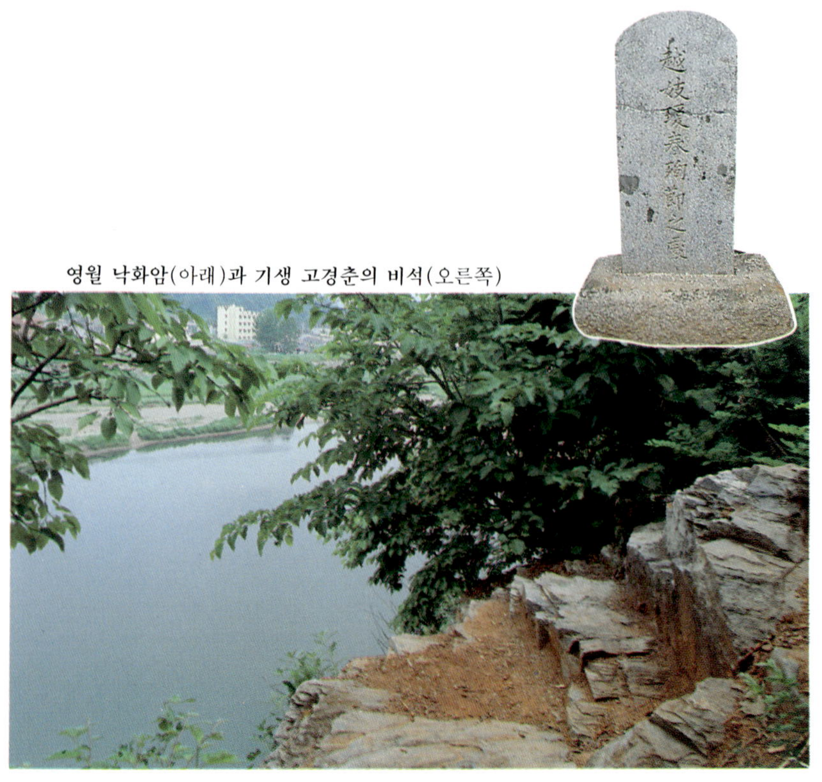

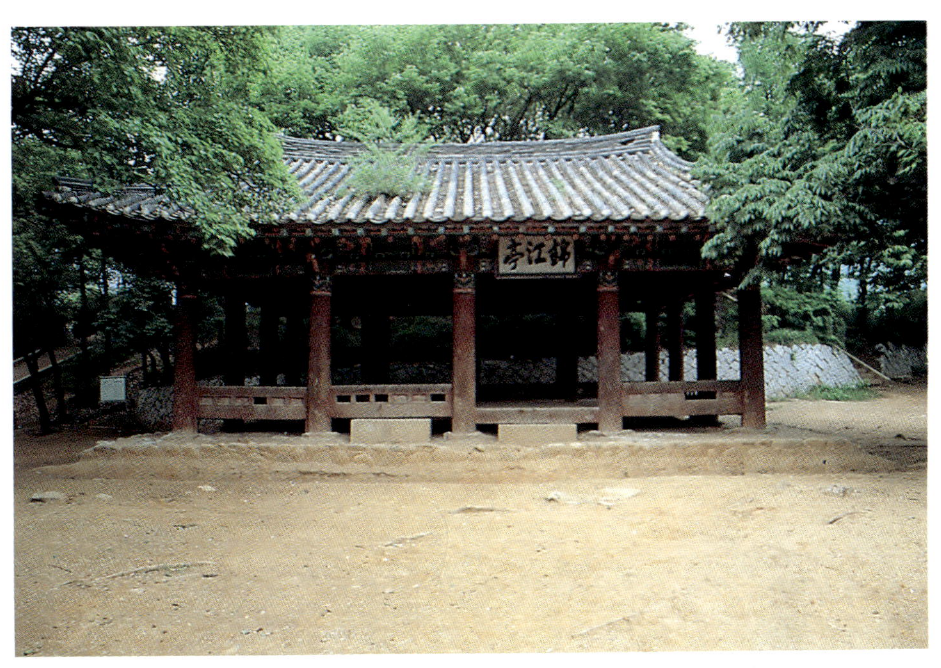

금강정 영월읍 영흥리에 위치한 낙화암은 이 금강정에서 동쪽으로 500미터 지점에 있는 깎아지른 석벽을 말한다.

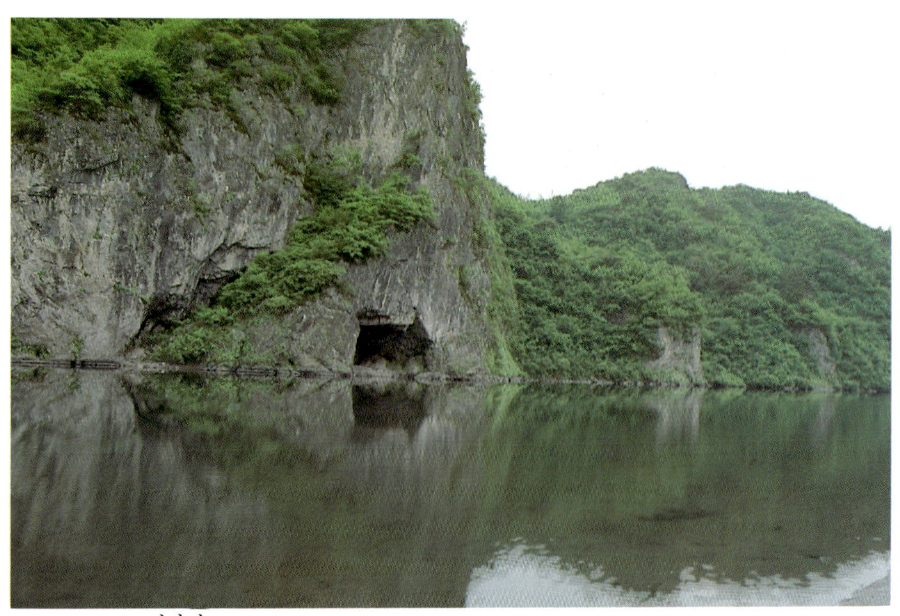

어라연

또한 낙화암 절벽 위에는 '월기경춘순절지처(越妓瓊春殉節之處)'
라고 새겨져 있는 작은 비석 하나가 있는데 이는 영월부사의 수청을
뿌리치고 순결을 지키며 순절한 기생 고경춘을 기려 세운 것이다.

한편 영월읍 거우리에 위치한 어라연(魚羅淵)은 이 고장의 빼어난
경치를 대표하는 절승지이다. 특히 어라연은 교통이 불편하기 때문
에 인적이 드물어 비경(祕境)을 그대로 간직하고 있다.

영월에서 동강을 따라 12킬로미터쯤 가면 거운국민학교에 닿게
되고 여기에서 4킬로미터쯤 걸어나와야 어라연에 닿는다. 어라연은
거운리와 문산리 사이에 위치하고 있는데 양안(兩岸)의 산세는 설악
산과 같고 수면은 녹색 융단을 깔아 놓은 듯 아름답다. 또한 강 가운
데 3개의 바위가 솟아 강중 삼봉(江中三峰)을 이룬 절승처이다.

이곳 또한 단종과 얽힌 전설이 서려 있는 곳이다. 곧 억울하게

낙화암에서 본 남한강

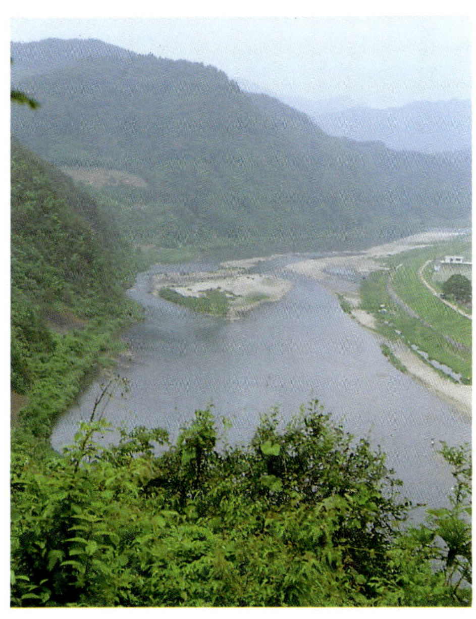

죽은 단종의 혼령이 이 고장 제일의 경치를 자랑하는 어라연을 돌아
보고 감탄, 이곳에서 신선같이 살고자 마음을 결정하였다. 이때 홀연
히 물살을 가르면서 크고 작은 물고기떼가 줄을 이어 현신하여 아뢰
기를 "대왕마마께서는 한 나라를 통치하셔야 할 임금님이시온데
억울하게 승하하셨사오니 영계(靈界)에서라도 통치하셔야 하옵니
다. 태백산 산신령이 되시어서 태백산맥이 미치는 모든 곳을 다스려
야 하옵니다. 이는 하늘의 뜻이오니 곧 태백산으로 가셔야 하옵니
다"라고 하였다. 단종의 혼령은 이 말을 옳게 여겨 태백산으로 가서
태백산 산신령이 되었다고 한다.

　산수향(山水鄕) 영월은 가는 곳마다 절경을 이루지 않은 곳이
없지만 특히 어라연은 동강의 수궁(水宮)으로 불리울 정도로 아름다
운 곳이다.

청령포와 호장 엄흥도

영월읍 방절리(芳節里)에는 평창강 물이 아직 남한강에 합류되기 직전 단종의 애환이 서린 청령포가 있다.

동, 남, 북쪽에 영월 서강(西江)의 물이 둘러싸여 곶(半島)을 이루고 서쪽에는 육륙봉의 층암 절벽이 둘러쳐져 있어 육지 속의 고도(孤島)이다.

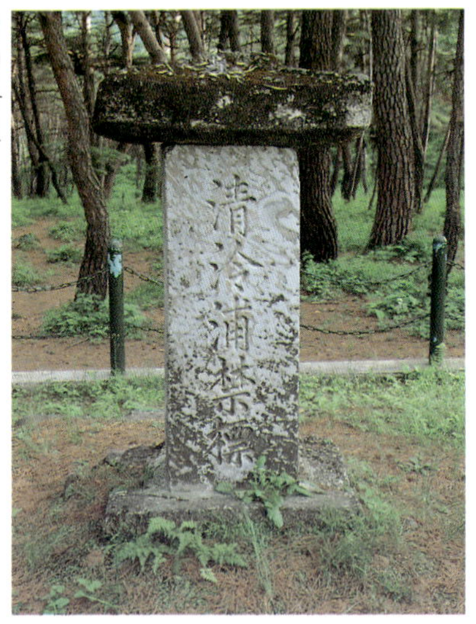

청령포 금표 단종 노산군을 이곳 청령포에 유배시킨 뒤 사방에 금표를 세워 외부인과의 접촉을 금하고 행동을 제한시켜 철저히 고립되게 하였던 역사의 물증이다.

이곳에 유배된 단종은 "천추의 원한을 가슴 깊이 품은 채 적막한 영월 땅 황량한 산 속에 나 홀로 있네. 만고의 외로운 혼이 홀로 헤매는데 푸른 소나무가 옛 동산에 우거졌구나"라는 시를 남겼다.

단종은 금부도사 왕방연이 가지고 온 사약을 받고 승하하니 그 옥체는 동강물에 던져지고 시녀들은 동강 절벽(후에 낙화암)에서

투신 자살하였는데 이때가 매우 추운 겨울이었다.

　이때 영월 호장(戶長) 엄흥도(嚴興道)는 서강과 동강이 합류하는 곳인 평창강과 남한강이 만나는 금봉연(金鳳淵)으로 달려가 비밀리에 옥체를 인양, 가족과 같이 동을지산(冬乙旨山;지금의 장릉)에 암매장하고 자취를 감추어 버렸다.

　후세인들은 엄흥도의 충성은 하늘이 내렸다고 하여 그를 항상 추모하였다. 엄흥도는 조선 중종 11년(1516) 충의(忠毅)의 시호를 받았으며 묘소는 영월읍 팔괴리에 있다.

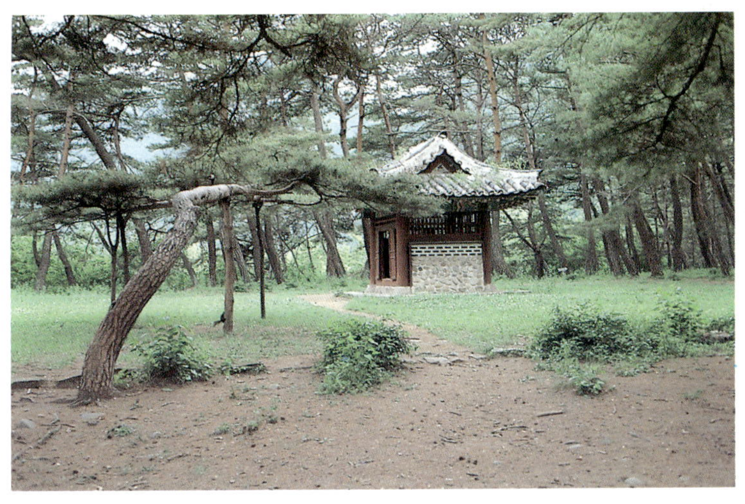

청령포　청령포는 동, 남, 북쪽에 영월 서강의 물이 둘러싸여 곶을 이루고 서쪽에는 육륙봉의 층암 절벽이 둘러쳐져 있어 육지 속의 고도이다.

주천강변 무릉도원

영월군 수주면 주천강변 무릉리(武陵里)에는 신선들의 놀이터인 요선암(邀仙岩;일명 요선정)이 위치하고 있다.

이 요선암 앞에는 맑은 강물이 구비쳐 흐르고 바닥은 백여 평의 흰 암석으로 깔려 있으며 "요선암"이란 글자가 선명하게 새겨져 있다. 이 글자는 시인 양봉래(楊蓬來)가 선녀들과 같이 목욕을 하다가 새겨 놓았다고 전한다. 이때 양봉래의 사랑을 독차지하고 싶어 한 선녀가 아무리 구애해도 들어주지 않자 요선암의 지신(地神)에게 소원을 빌어 양봉래의 사랑을 받게 되었다는 전설이 있어 많은 청춘 남녀들이 이곳에 찾아와 소원 성취를 기원하는 명승지가 되었다.

그리고 이 일대의 경치가 수려하여 시인 묵객들의 발걸음이 끊일 사이가 없으며 지금도 이곳 주민들은 풍년과 질병 퇴치를 기원하는 제사를 철마다 지내고 있다.

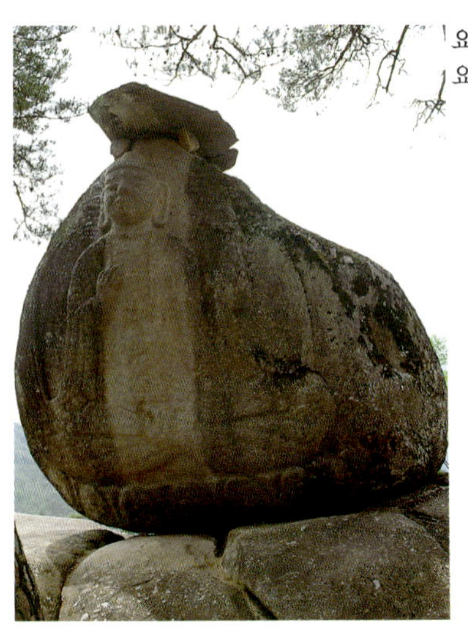

요선암의 마애 여래 좌상 (왼쪽)
요선암에서 본 주천강 (오른쪽)

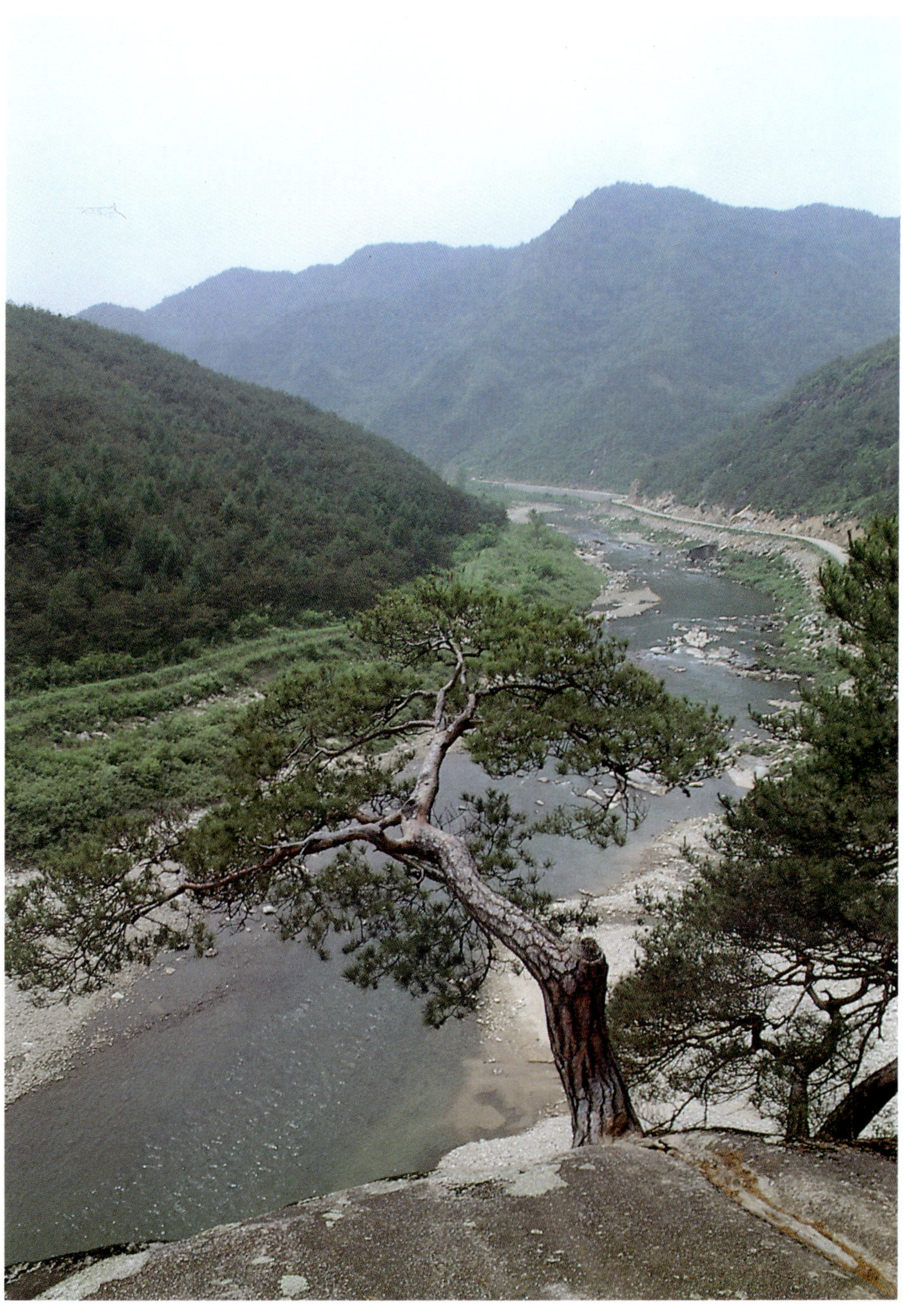

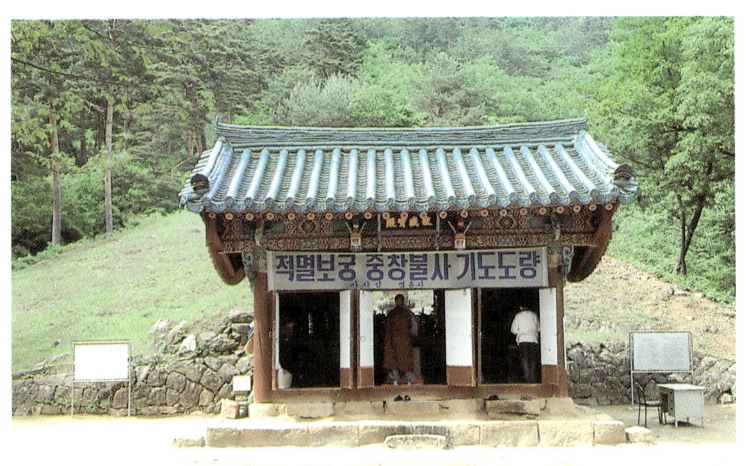

법흥사 적멸보궁 주천강 동쪽 물줄기를 따라 오르면 물줄기의 끝 지점에 우리나라 5대 적멸보궁의 하나인 법흥사가 있다. 법흥사에서는 불상을 모시지 않고 불단만 진신사리 봉안처를 향해 모셔 놓았다.

조선조 영조대왕이 신병으로 고생하다가 이곳에 찾아와 병이 완치되어 왕은 요선정에 어제어필(御製御筆)을 걸게 했으며, 부왕인 숙종이 승하하자 슬픔을 달래며 이곳을 찾았다고 한다. 현판은 지금도 요선정에 걸려 있다.

이곳에는 높이 7미터의 마애 여래 좌상이 양각되어 있다. 신라 불교 전성기에 도윤(道允)국사와 징효(澄曉)국사가 흥녕(興寧)선원을 개원하여 포교하던 곳으로 전해지며 징효대사가 열반했을 때 1천여 개의 사리가 나왔다고 하며 현재 요선정이 당시의 암자터라고 한다.

이곳 무릉리 요선정 앞에서 냇물이 두 갈래로 나뉘는데 서쪽 물줄기를 따라 오르면 옛날 신선들이 살았다는 전설 속의 별천지인 도원(桃源)이 있다. 도원리와 무릉리를 합쳐 우리나라의 무릉도원이라

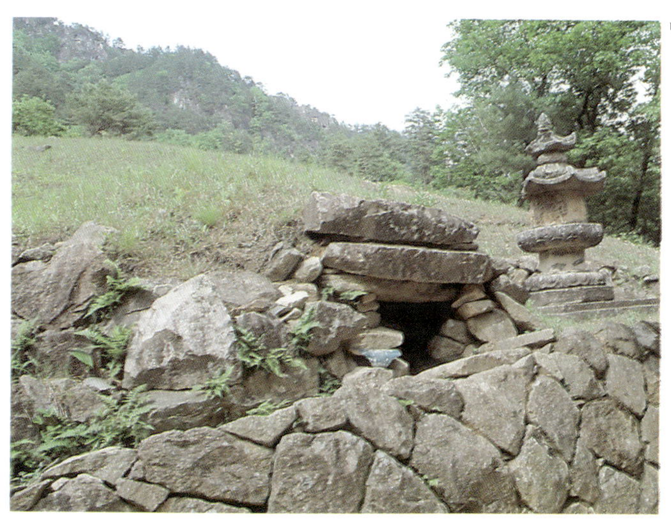

법흥사 적멸보궁의 진
신사리탑

할 수 있는 곳이다.

한편 동쪽 물줄기를 따라 오르면 구절양장 맑은 옥수가 흐르는 강물 끝 지점에 우리나라 5대 적멸보궁의 하나인 법흥사(法興寺)가 위치하고 있다.

신라 선덕여왕 12년(643)에 자장율사가 당나라에서 석가여래의 진신사리를 가지고 귀국, 오대산 중대사, 천의봉 정암사, 취서산 통도사, 설악산 봉정암과 사자산 법흥사 등 명당자리에 진신사리를 나누어 봉안하였다고 한다.

진신사리를 모신 곳을 적멸보궁이라 하는데 부처님의 진신(眞身)을 모셨기 때문에 불상을 모시지 않고 불단만 진신사리 봉안처로 향해 모신다고 한다. 따라서 법흥사에는 불상을 모시지 않고 불단만 있다.

아우라지와 정선 아리랑

  아우라지는 정선군 북면 여량리의 한강 상류에 있는 나루터의 이름이다. 구절리에서 내려오는 물줄기 송천(松川)과 임계에서 내려오는 골지천(骨只川)이 합류하여 두 물이 어우러진다.

  옛날 이 아우라지를 사이에 두고 양쪽 마을에 살던 처녀와 총각이 연애를 하였다. 그들은 사랑을 속삭이기 위해 싸리골로 동백을 따러 가기로 약속을 하였는데, 간밤에 폭우로 강물이 불어 강을 건널 수가 없자 두 연인이 강을 사이에 두고 서로 건너다 보면서 만나지 못하는 안타까운 심정을 노래했는데 그 가사는 다음과 같다.

  아우라지 뱃사공아 배 좀 건너 주게
  싸리골 올동백이 다 떨어진다.
  떨어진 동백은 낙엽에나 쌓이지
  사시장철 임 그리워 나는 못 살겠네.

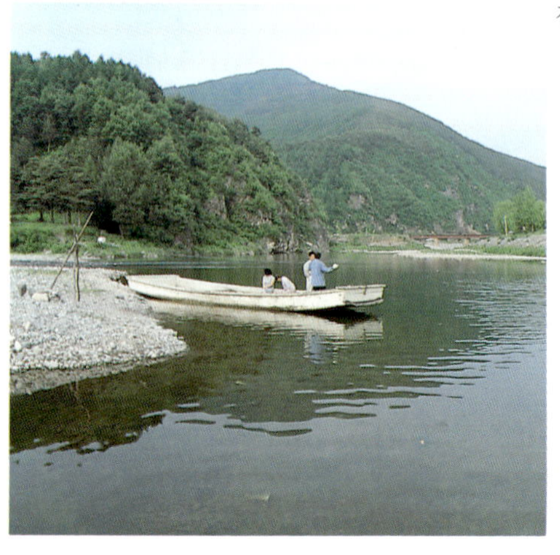

정선의 아우라지 나루터

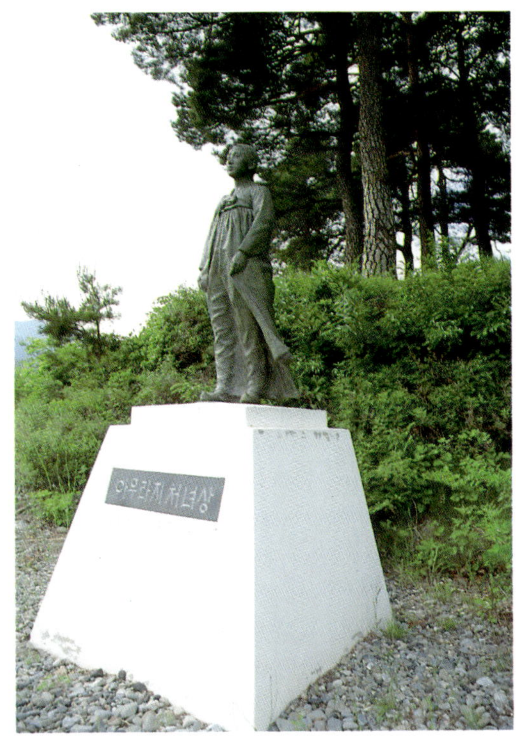

아우라지 처녀상

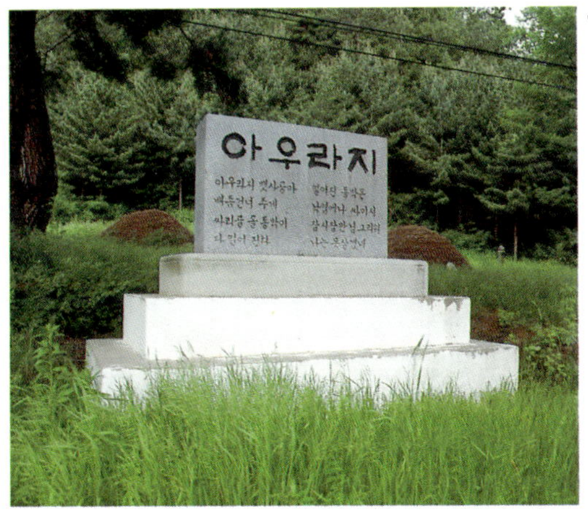

아우라지 노래 가사비

또 2백여 년 전, 정선에 스무 살이 넘은 과년한 처녀가 여덟 살 밖에 되지 않은 어린이와 결혼한 뒤 여러 해 동안 부부의 정을 알지 못하고 살아 온 것을 한탄하며 조양강에 몸을 던져 청춘을 마치려 했다.

그런데 그때 물살을 안고 빙글빙글 도는 물레방아를 보고 '생명이 없는 물레방아도 조화되면 움직이는데 하물며 사람으로서 소년 신랑도 나이가 차면 남편 구실을 못할 리가 있겠느냐'는 희망을 가지고 집으로 돌아오면서 정선 아리랑의 가락에 실어 다음의 노래 를 불렀다고 한다.

정선읍내 물레방아는 사시장철
물살을 안고 빙글빙글 도는데
우리집 서방님은 날 안고
돌 줄 왜 모르나.
노랑 머리에 파뿌리 상투를
언제나 길러서 내 낭군 삼나.

이 가사는 오늘날까지 정선 아리랑의 대표적인 노래로 애창되고 있다.

또한 고려가 망하고 조선이 개국되자 고려의 유신 7명은 불사이 군(不事二君)의 충성을 다짐하면서 깊은 산골인 정선의 두문동에 은신하다가 지금의 남면 낙동리 거칠현동(居七賢洞)으로 옮겨 살며 지난날 섬기던 임금을 사모하고 고려 왕조에 대한 충성을 맹세하였 다. 또 멀리 두고 온 고향의 가족들을 그리워하는 마음을 한시(漢 詩)로 지어 읊었는데 이것이 정선 아리랑의 시원이 되었다고 한다. 지방문화재 제1호로 지정되어 있는 정선 아리랑의 가사는 다음과 같다.

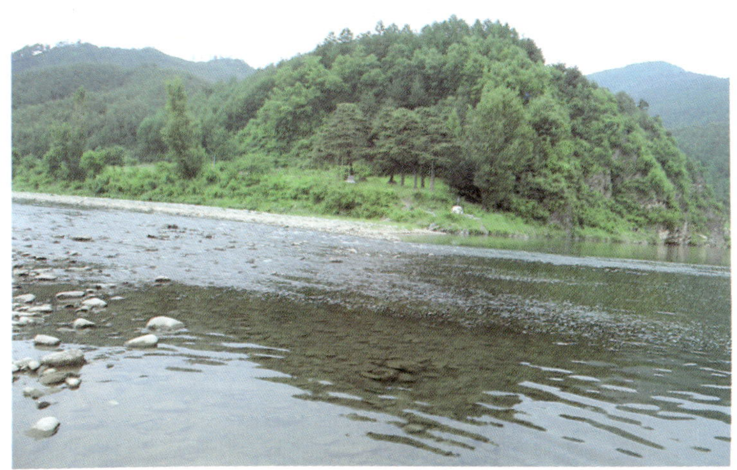

송천과 골지천이 합류되는 곳 송천과 골지천이 합류되는 곳은 아우라지로 이곳은
정선 아리랑의 정서가 깃든 낭만의 여울이며 이곳에서부터 남한강은 강다운 모습을
갖추고 흐르기 시작하는 한강의 첫나루터이다.

눈이 올라나 비가 올라나
억수 장마가 질려나
만수산 검은 구름이 막 모여든다.
명사십리가 아니라며는 해당화는 왜 피며
모춘 삼월이 아니라며는 두견새는 왜 우나.
아리랑 아리랑 아라리요
아리랑 고개 고개를 날 넘겨 주게

이처럼 송천과 골지천이 합류되는 아우라지는 정선 아리랑의
정서가 깃든 낭만의 여울이며 이곳에서부터 남한강은 강다운 모습
을 갖추고 흐르기 시작하는 한강의 첫나루터이다.

단양 팔경

　단양은 소백산맥을 관류하는 남한강 상류에 위치하며 산수가
미려하고 자연의 풍경이 기기묘묘하여 예로부터 제2의 외금강이라
고 불리어 왔다. 우리나라 8대 명승지의 하나로 손꼽히는 곳이다.
　단양에는 단양 8경으로 이름 높은 명승 고적이 주위 12킬로미터
내외에 산재해 있어 우리나라 관광 휴양의 명소이다.
　제1경 하선암(下仙岩);단양 대령리
　제2경 중선암(中仙岩);단양 가산리
　제3경 상선암(上仙岩);단양 가산리
　제4경 사인암(舍人岩);대강면 사인암리
　제5경 구담봉(龜潭峰);단양읍 장회리
　제6경 옥순봉(玉筍峰);단양읍 장회리, 제원군 수산면
　제7경 도담삼봉(嶋潭三峰);매포면 도담리
　제8경 석문(石門);매포면 하괴리

제1경 하선암

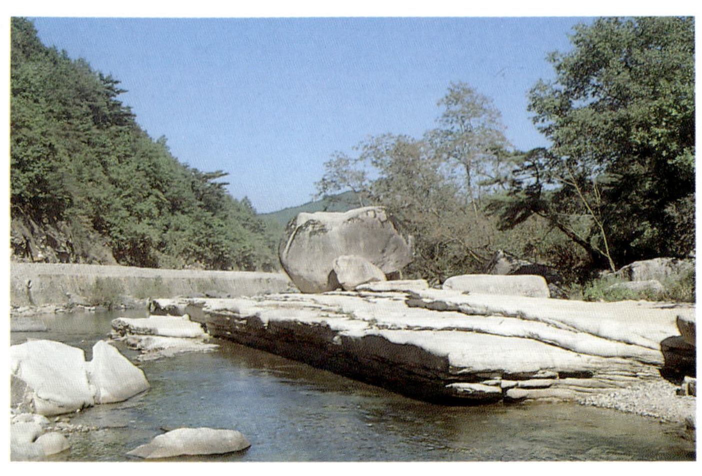

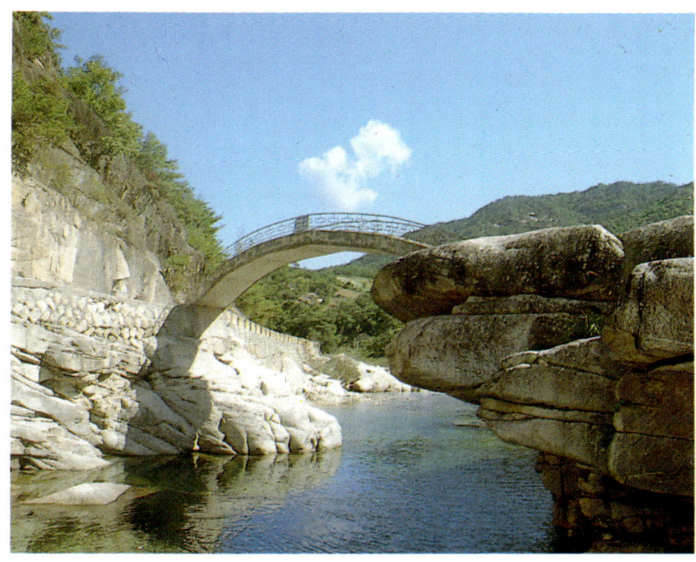

제2경 중선암

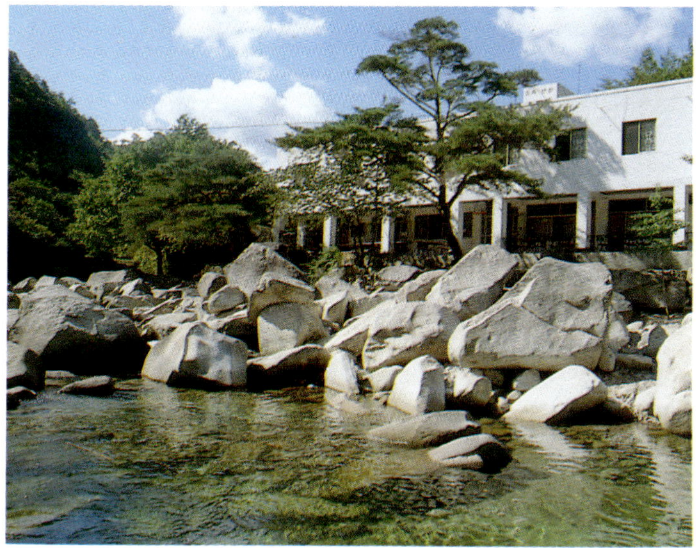

제3경 상선암

계곡마다 청류의 폭포가 속세를 떠난 듯한 무아경에 빠지게 하고 신묘한 기암 괴석이 눈길을 붙잡는 단양에는 8경 외에 제2의 단양 8경이 있다. 곧 죽령폭포, 칠성암, 북벽, 9봉8문, 일광굴, 금수산, 고수 동굴, 온달성 등이 절승을 나타내고 있다.

1980년 착공되어 1985년에 완공된 충주 다목적 댐의 완성으로 단양 일대는 호반의 관광지가 되었다. 또한 충주와 단양 사이에 뱃길이 활짝 열려 수운(水運)과 관광 등에 크게 기여하게 되었다. 여기에 1984년 6월 국립 공원으로 지정된 제원군, 단양군, 중원군 일대에 걸쳐 있는 월악산에 옥순봉, 구담봉, 상선암, 중선암, 하선암 일대가 포함되어 수상과 육상을 연결하는 관광 개발을 서두르고 있다.

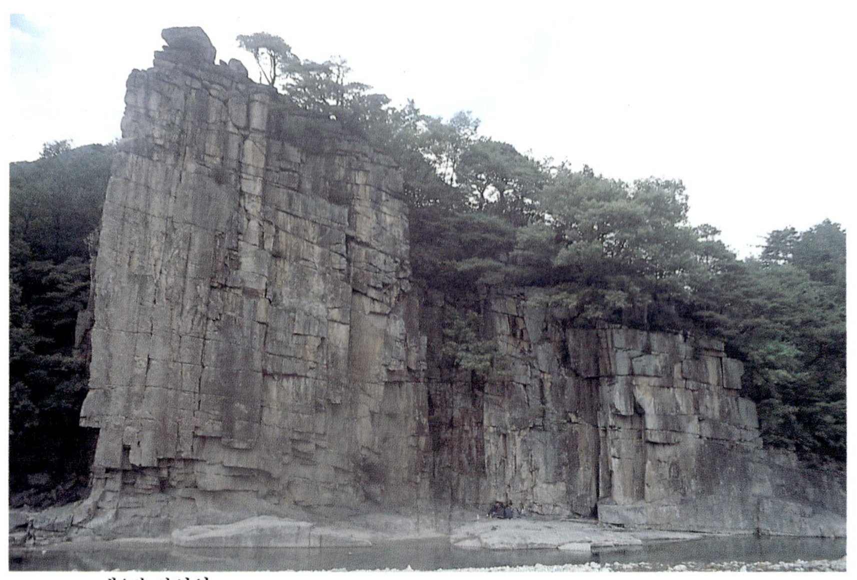

제4경 사인암

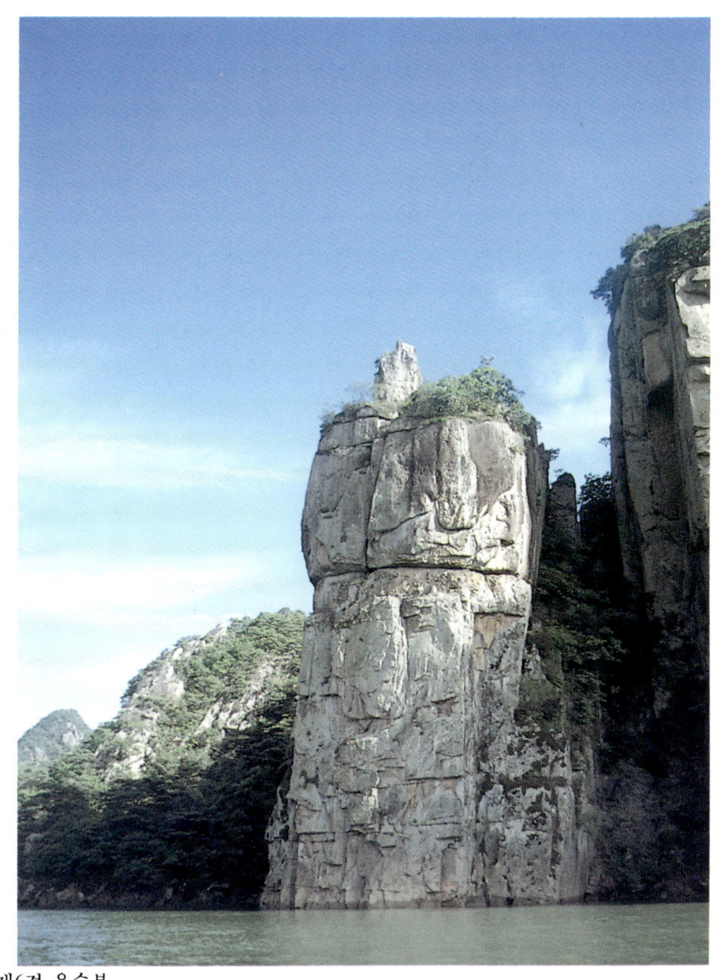

제6경 옥순봉

도담 삼봉

조선 초기 이성계를 도와 많은 공을 세운 정도전은 신단양 도전리에서 태어났다. 어린 시절 이 고장의 자연과 벗하며 보냈는데 특히 도담 삼봉의 경치를 즐겨 스스로 호를 삼봉(三峰)이라 지었다. 이 도담 삼봉에는 다음과 같은 설화가 있다.

고려 말엽, 어느 해 큰 홍수로 인하여 원래 정선 땅에 있던 삼봉이 떠내려 오다가 지금의 자리에서 멈췄다. 장마가 끝나자 정선 관아에서 장마 때 떠내려 간 세 봉우리를 찾아 다니다가 이곳 도담(嶋潭)에서 삼봉을 찾았다.

그리하여 정선 관아에서는 "삼봉이 정선 고을 땅이므로 세금을 내야 한다"고 하며 매년 지세(地稅)를 걷어 갔다. 이 마을 사람들은 억울했지만 관아에서 요구하는 세금을 거절할 수가 없어 해마다 꼬박꼬박 세금을 바쳤다. 마을 사람들은 세금을 내지 않을 방법을 모색하였으나 뾰족한 방법이 없어 전전긍긍했다.

그 해에도 정선 관아에서는 어김없이 세금을 받으러 왔다. 그때 한 소년이 세리(稅吏) 앞에 나서며 "올해부터는 세금을 낼 수 없다"고 어른스럽게 말하였다. "삼봉이 강원도에서 떠내려 와 이곳에 머문 것은 여기서 오라고 한 것도 아니요. 물난리 때 떠내려 온 것인데, 이 마을에서 세금을 낸다는 것은 이치에 맞지 않는 일입니다. 그러므로 삼봉이 그렇게 소중한 것이라면 정선 땅으로 도로 옮겨다가 사람들에게 세금을 받는 것이 도리에 맞는 일이라 생각합니다." 어린 소년의 이와 같은 당돌한 답변에 세리들은 아무 말도 못하고 돌아갔는데 이때부터 세금을 내지 않게 되었다.

이 소년이 바로 문장과 성리학에 능한 정도전이었다 한다.

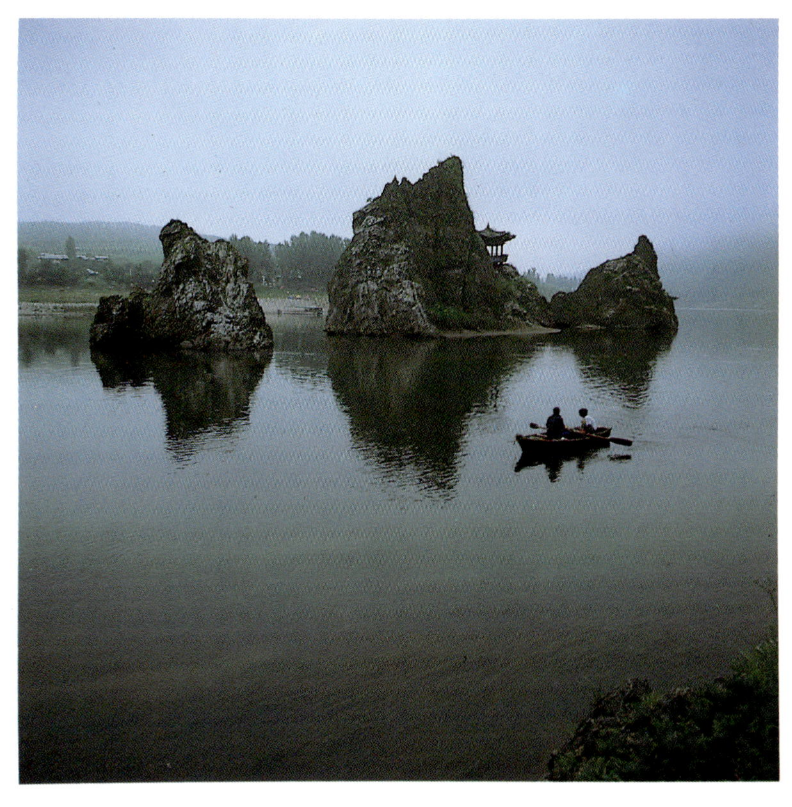

도담 삼봉　단양 팔경의 제7경인 도담 삼봉은 「동국여지승람」에 전하는 정도전의 일화와
　관계되어 더욱 유명하다.

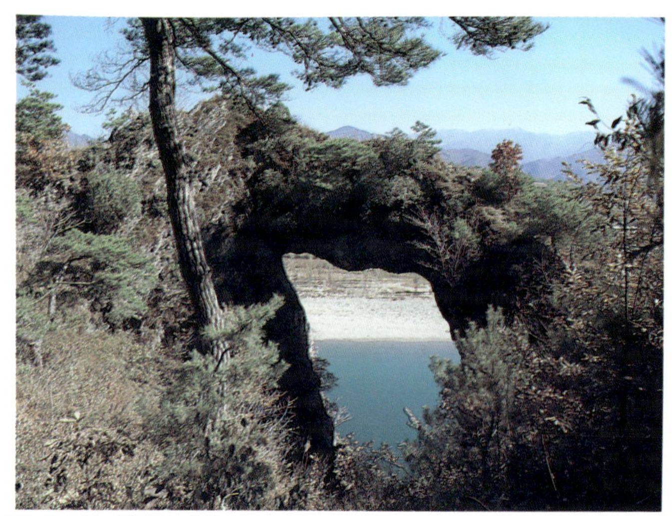

단양 팔경의 제8경인 석문

특히 남한강이 휘영청 굽이친 풍광을 한눈에 볼 수 있는 영춘면 하리의 온달산성은 빼어난 경관은 물론, 귀중한 역사 교육의 현장이기도 하다.

고구려의 온달 장군이 신라의 침입을 막기 위해 남한강변 전략 요충지에 축성한 온달산성은 둘레 683미터이다. 서쪽 일부만 무너졌을 뿐 북동쪽에서 남서쪽으로 길게 뻗은 능선을 따라 네모 반듯한 구들장같은 돌로 정교하게 쌓은 본디 모습을 거의 그대로 간직한 채로 남아있다.

이 성은 "죽령 이북의 옛 고구려 땅을 회복하지 못하면 돌아오지 않겠다"고 다짐한 뒤 출전했던 온달 장군이 신라군과 겨루다가 전사한 곳으로 전해지고 있다.

온달성 아래 남한강변에 자연 석회암 동굴인 온달 동굴이 있는데 동굴 속에서 얼음처럼 차가운 지하수가 흘러나온다.

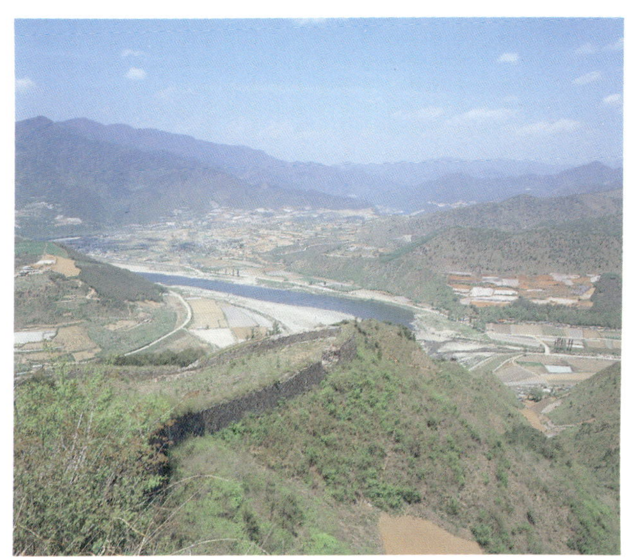

고구려의 온달 장군이 축성
한 온달산성에서 본 남
한강

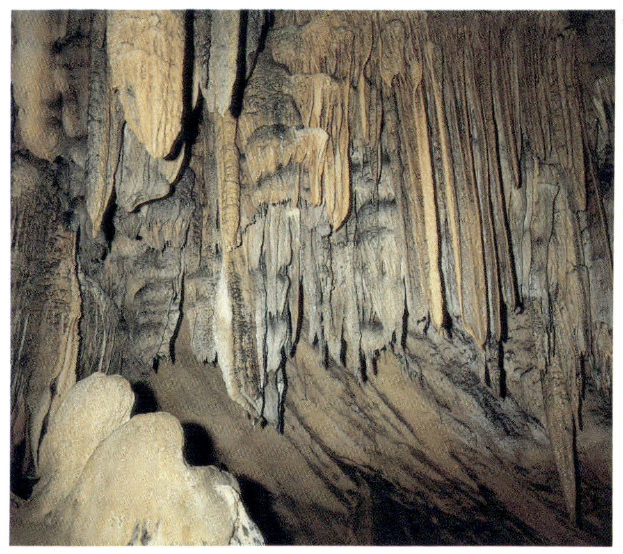

온달산성 아래의 온달 동굴
내부

청풍 문화재 단지

　남한강 중류, 제천군 청풍면 일대는 선사시대 유적이 산재해 있으며 고구려와 신라의 접경지로 빈번한 전투가 벌어졌던 곳이다. 고려시대에는 군(郡)이 되었고 조선시대에는 명성왕후의 관향이라 하여 도호부가 되는 등 역사와 문화의 뿌리가 깊은 곳으로 많은 문화 유산이 소중히 간직되어 있다. 그러나 충주 다목적댐 건설로 이 지역이 수몰됨에 따라 문화 유적을 1983년부터 3년여에 걸쳐 현 위치인 제천군 청풍면 물태리(勿台里)로 이전시켰다. 이 단지의 면적은 약 1만 6천여 평에 이르며 이전된 문화재는 42점이다.

　제천에서 19킬로미터, 충주에서 40킬로미터 떨어져 있고, 도로가 아스팔트로 포장되어 있어 접근이 용이하다. 이곳 문화재 단지는 옛사람들의 거석 문화를 비롯 각종 문화재를 한눈에 볼 수 있는 역사 교육의 현장이며, 한강을 굽어 볼 수 있는 수려한 경관과 낚시터 등이 있다.

청풍 문화재 단지

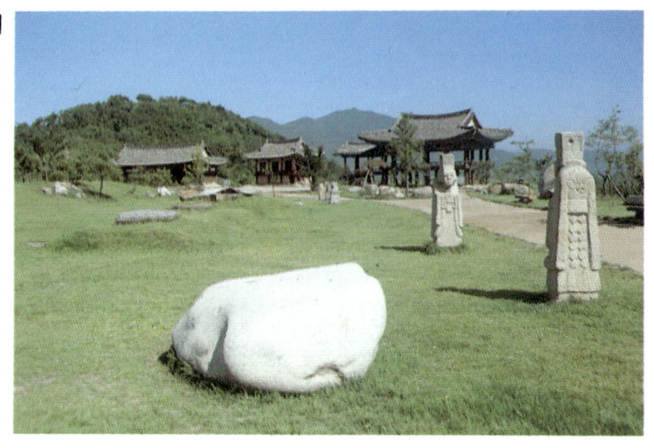

한벽루(寒碧樓)

보물 제528호인 한벽루는 조선 충숙왕 4년(1317)에 건축된 관아의 부속 건물이다. 이 고을의 스님인 청공(淸恭)이 왕사(王師)가 되자 현을 군으로 승격시켰는데 이를 기념하기 위해 객사 동쪽에 세운 유서 깊은 누각이다.

본래 자리인 청풍면 읍리가 수몰되자 이곳 문화재 단지로 옮겼다. 현재까지 전해온 정자는 모두 독립된 온채인데 한벽루만이 유일하게 익랑(翼廊)채를 거느린 특이한 모습을 하고 있다.

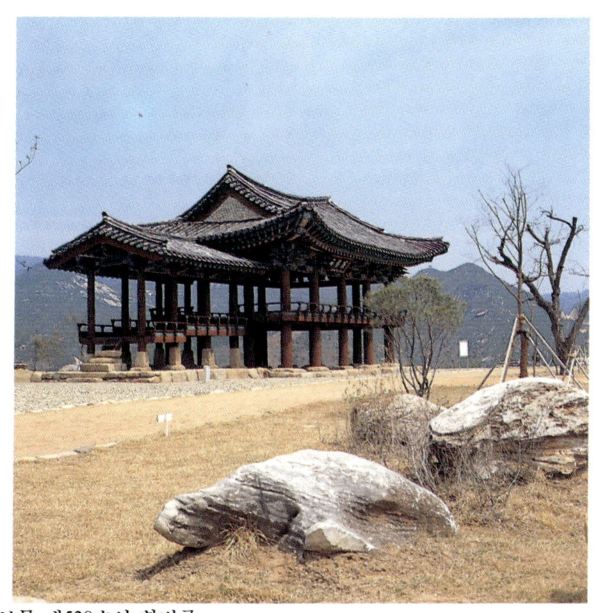

보물 제528호인 한벽루

팔영루(八詠樓)

청풍부의 관문이었던 팔영루는 현재 청풍 문화재 단지의 관문 역할을 하고 있다. 이 팔영루는 조선 숙종 28년(1702) 청풍부사였던 이기홍이 중건하고 현덕문(賢德門)이라 한 것을 1870년 부사 이직현이 다시 중수하였다. 그 뒤 고종 때 청풍부사를 지낸 민치상이 청풍 명월의 8경을 시제(詩題)로 한 8영시가 있어 '팔영루'라 부르기 시작했다.

지방 유형 문화재 제35호이며 청풍면 읍리에서 지금의 자리로 이전하였다.

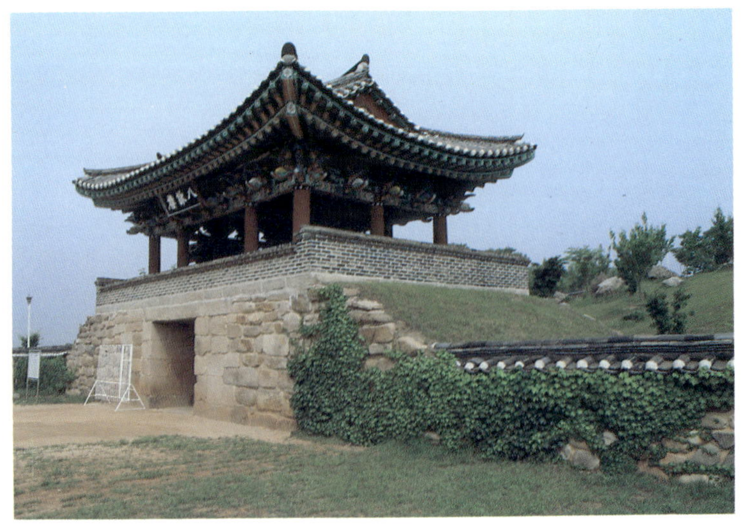

청풍 문화재 단지의 관문인 팔영루

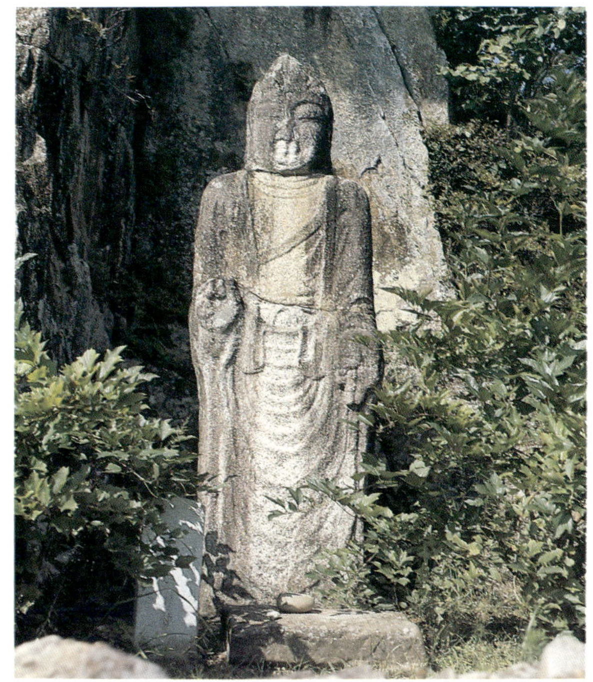

청풍면 읍리 대광사 입구에 있을 당시의 청풍 석조 여래 입상

청풍 석조 여래 입상

이 불상은 전체적인 조각 양식으로 미루어 신라 말 고려 초의 작품으로 추정된다. 불상의 얼굴 모양은 풍만하고 자비로운 석상으로 두툼한 양볼에 인중이 뚜렷하고 두 귀는 어깨까지 내려왔다.

이 불상은 전체의 높이가 3.41미터이며 보물 제546호로 지정되어 있다. 당초에 청풍면 읍리 대광사(大光寺) 입구에 있었으나 이곳으로 이전한 것이다.

석물군(石物群)과 연자방아

고대 사회 장의(葬儀) 풍속으로 무덤인 지석묘 5점과 문인석 6점, 도호부였던 때의 군수나 부사의 송덕비, 공덕비, 선정비 등이 배치되어 있어 거석 문화의 변천을 한눈에 알아 볼 수 있다. 그리고 수몰 지구의 옛집 4동 앞에 고풍스런 연자방아가 있다. 이 밖에도 청풍 향교, 청풍 황석리 고가(古家)군이 자리하고 있다.

청풍 문화재 단지의 석물들 이곳 문화재 단지는 옛 사람들의 거석 문화를 비롯하여 여러 문화재를 한눈에 볼 수 있는 역사 교육의 현장이다.

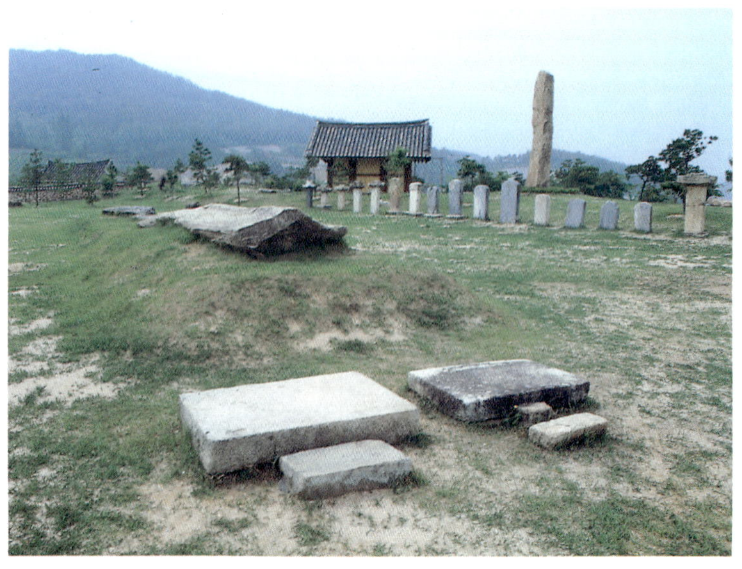

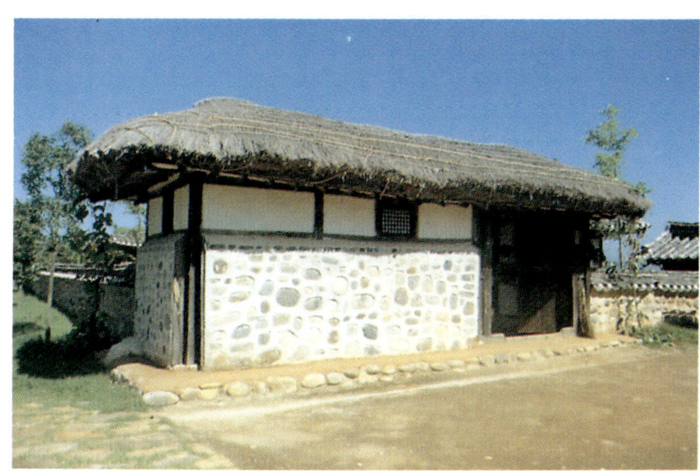

청풍 황석리의 고가(왼쪽)
연자방아(아래)

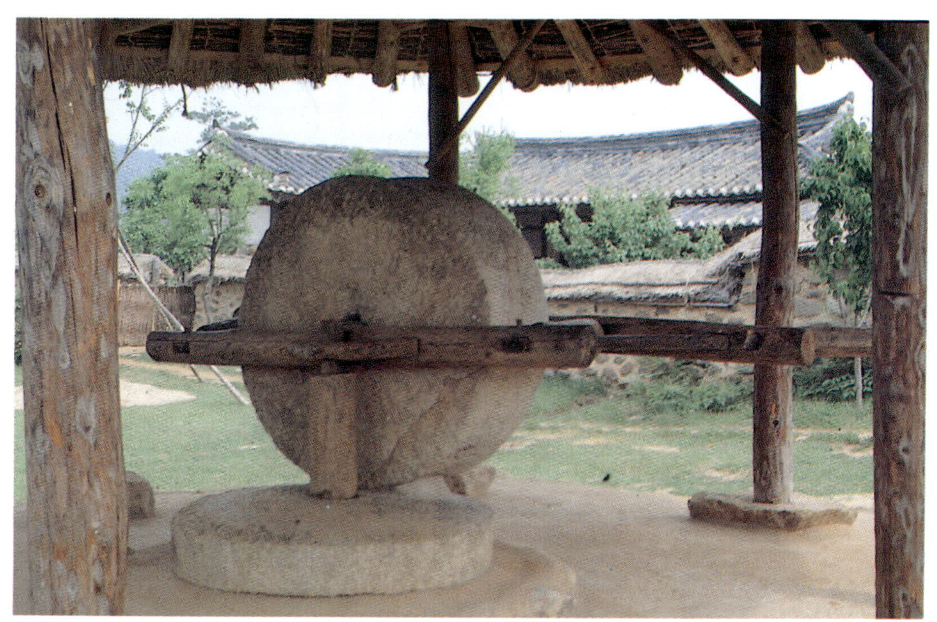

충주 탄금대

　남한강과 달천강이 만나는 충주시 칠금동에 나지막한 대문산 (大門山)이 솟아 있는데 산의 북쪽으로 20여 길의 푸른 석벽이 있고 소나무숲으로 감싸여진 탄금대(彈琴臺)가 있어 더욱 유명한 곳이다.

　우륵은 대가야 사람으로 음악에 천재적인 소질이 있어 가슬왕의 깊은 총애를 받았다. 따라서 음악을 좋아하는 왕의 명에 의하여 여러 가지 음악을 정리하고 연구하다가 12줄의 현악기 가야금을 만들고 가야금으로 연주하는 12가곡(歌曲)을 작곡하기도 하였다.

충북 충주시 칠금동의 탄금대

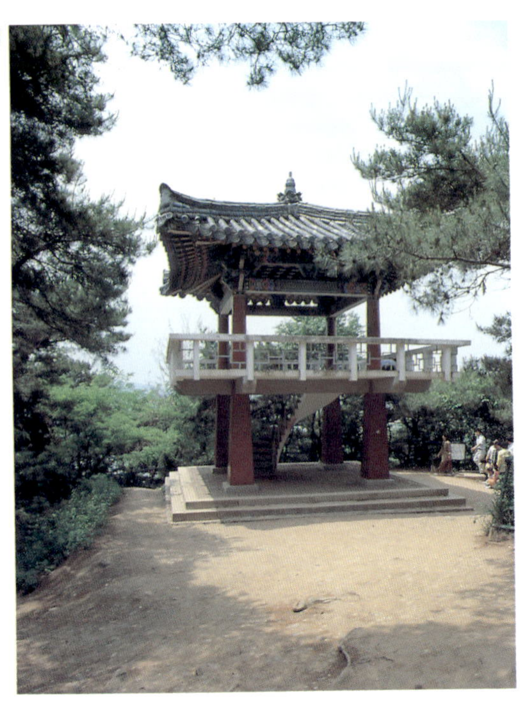

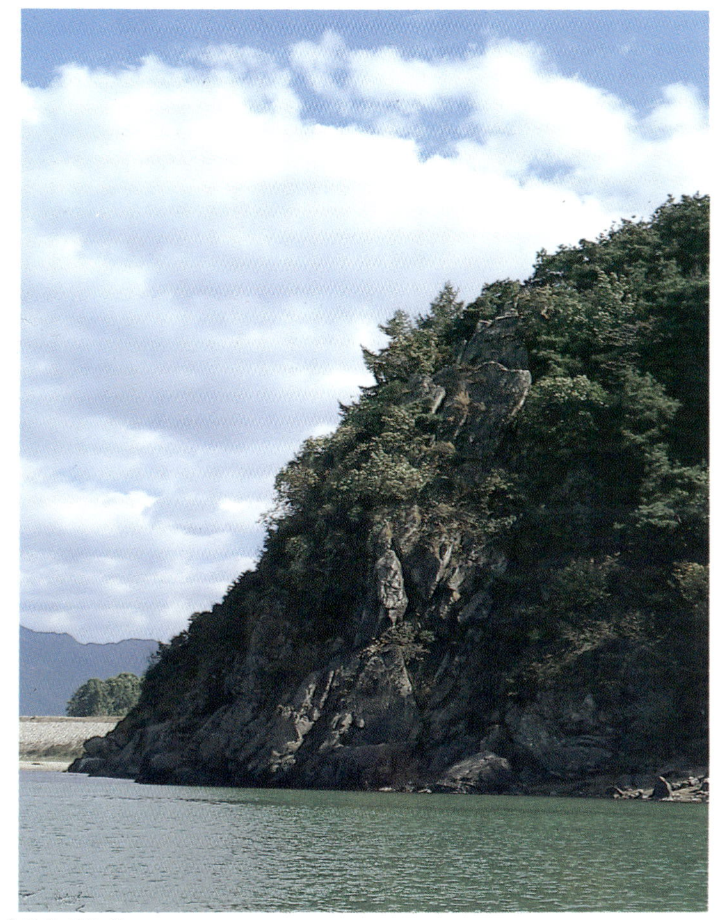

탄금대 열두대

그러나 나라의 정치가 점점 어려워져 생활을 할 수 없게 되자 우륵은 제자 이문(尼文)과 함께 신라로 망명하여 숨어 살게 되었다. 이때 신라의 진흥왕은 우륵이 국내에 살고 있음을 알고 사람을 보내어 궁중으로 불러들였다. 그리고 가야금을 연주하게 하였는데 과연 사람의 마음을 감동시키는 바가 있었다.

진흥왕은 크게 기뻐하여 우륵에게 산수 풍경이 빼어난 국원경(國原京;지금의 충주)에 가서 한가로이 소일하면서 명곡을 구상하고 제자들에게 거문고를 가르치게 하였다. 우륵은 여가가 있을 때는 대문산 바위에 앉아 남한강의 경치를 감상하면서 거문고를 연주하였으므로 이 바위를 탄금대(彈琴臺)라 했다.

이때 우륵에게 거문고를 배우던 주지(注知), 계고(階古), 만덕(萬德) 세 제자도 그 음악적 경지가 상당히 높은 수준에 이르렀다. 또 스승에게 전수받은 가야금 12곡을 배워서 익숙하게 되자 그 가사와 곡조가 번거롭고 음란한 곳이 있다고 하며 12곡을 간추려 5곡으로 만들어버렸다.

우륵은 이를 알고 그들의 무례함을 원망하기도 하였으나 그 음곡을 듣고서는 도리어 감동, 눈물을 흘리면서 "즐겁고도 속되지 않으며 애소하면서도 슬프지 않으니 바른 음악이라 할 수 있다"고 하며 왕의 앞에 나아가 연주하게 하여 큰 칭찬을 받았다고 한다. 진흥왕은 이들에게 궁중으로 불러들여 상을 주고 우륵에게 하림궁(河臨宮)에 거처케 하면서 가야금 곡조를 궁중 음악으로 다듬어 연주하게 하고 가야금 곡조를 새로 지어 후세에 전하게 하였다.

대문산 북쪽 기슭 남한강이 내려다 보이는 높은 석대 위에는 탄금대란 이름의 정자가 생기고 금대(琴臺), 금대리(琴臺里), 칠금동(漆琴洞) 등이 생기게 되었다. 탄금대는 충북 도립공원으로 지정, 남한강과 달천강의 맑은 물과 무성한 솔밭, 깎아지른 석벽이 어울려 절경을 연출하고 있다.

중원의 중앙탑과 고구려비

　충주시에서 북서쪽으로 7킬로미터 떨어진 중원군 가금면 탑평리
에 높이 16미터의 7층석탑인 중앙탑(中央塔)이 우뚝 솟아 있다.
현존하는 신라 석탑 가운데서 가장 오래 된 석탑인 중앙탑(국보
제6호)은 신라 원성왕 12년(796)에 건립된 것으로 추정하고 있
다.
　화강암으로 조성된 이 탑의 건립에 관해서 몇 가지 전설이 깃들어
있다.

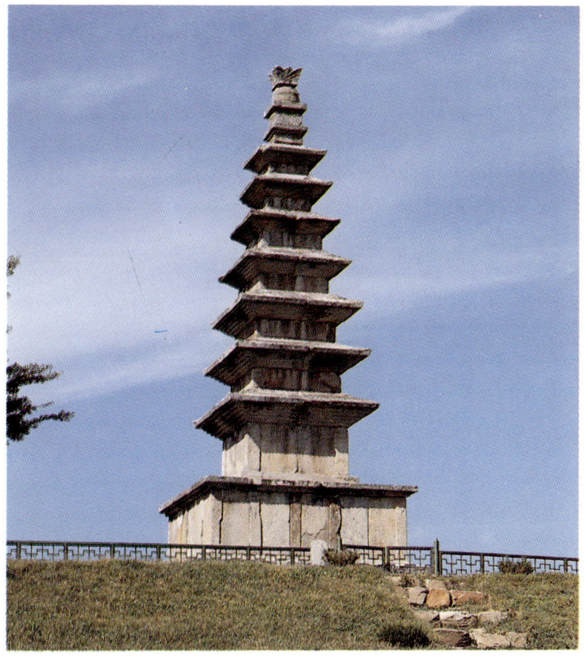

국보 제6호인 중원 탑평리
7층석탑

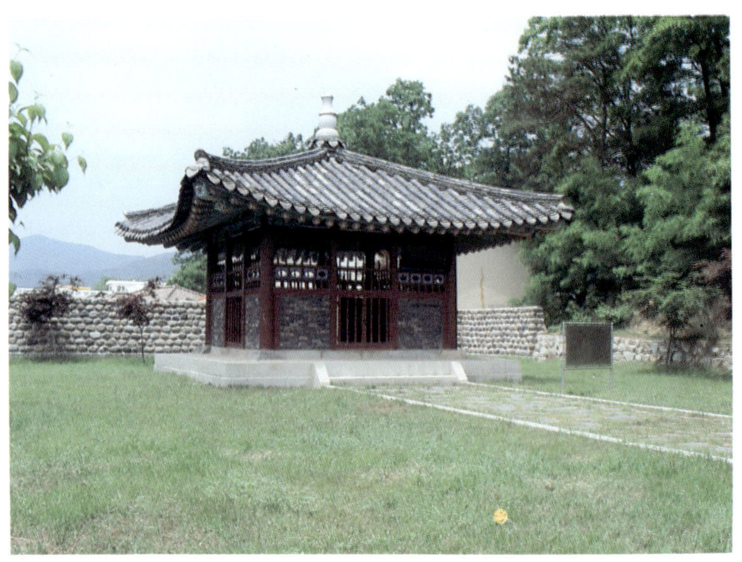

　첫째, 이 고장에 왕기(王氣)가 있다고 하여 이를 제압하기 위해 건립하였다고 한다. 둘째로, 신라 때의 고승인 김생(金生)이 이웃 반송산(盤松山)에 사찰을 건립하고 서적을 보관하기 위해 이곳에 건물을 짓고 탑을 세웠다고 전해지고 있다. 그때, 신라의 남쪽과 북쪽 끝에서 같은 보조를 가진 두 사람을 동시에 출발시켰더니 같은 날, 같은 시간에 이곳에 도착, 국토의 중앙에 위치한다고 하여 중앙탑으로 불리우게 되었다 한다.

　한편 이 탑의 주변 일대는 절터로서 많은 석조물 파편이 산재해 있으며 특히 고구려 계통의 양식을 가진 기와가 출토되고 있어 학계의 주목을 끌고 있다. 그러나 사찰 이름과 창건 연대 등을 규명할 유물이 출토되지는 않았다.

　또 중앙탑이 있는 탑평리 이웃 마을인 용전리 입석(立石) 마을에는 한반도 안에 유일하게 현존하는 고구려비(高句麗碑)가 있다.

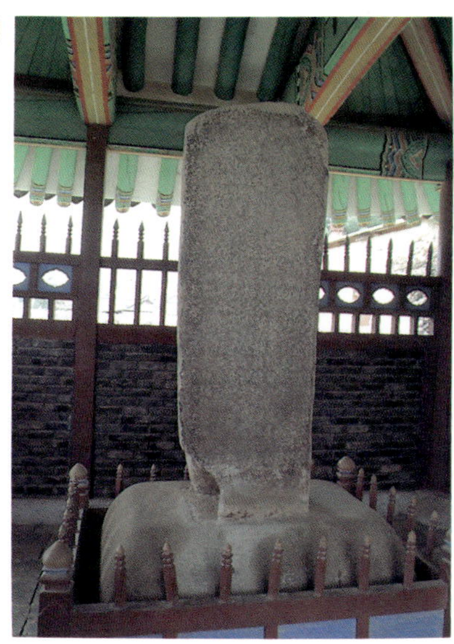

　높이 1.44미터, 너비 0.55~0.59미터, 두께 0.37~0.38미터의 이 비석은 1979년 2월 25일 이 고장의 문화재 애호 단체인 '예성동호회'에서 찾아내어 그 해 4월, 단국대 박물관 학술조사단에 의해 고구려시대의 비로 확인되었다.

　이 비석의 모양이나 새겨진 글씨체와 형식이 만주에 있는 광개토대왕비와 비슷하다고 한다. 앞면에 10행 23자, 왼쪽 면에 7행 23자가 보여지나 글씨가 오랜 세월 동안 비바람에 씻겨 모두 정확하게 읽을 수는 없으나 고구려 장수왕 때의 일을 적은 듯하다. 내용은 고구려와 신라가 화친을 하면서 고구려가 형님이 되고 신라는 아우가 된다는 것으로 밝혀졌다. 1981년 3월 18일, 국보 제205호로 지정되었으며 현재 보호각을 세워 보존하고 있다.

　남한강변에 중앙탑, 고구려비와 같은 유물과 유적이 남아 있어서 삼국시대에 이 지역이 국경 지역이었음을 알 수 있다.

남한산성

　조선 인조 2년(1624), 남한산성을 증축할 당시 총책임자는 이서(李曙)이고 동남성 축조는 이회(李晦), 서북성 축조는 벽암(碧岩) 대사가 맡았다.

　동남성 축조가 기일 안에 완성되지 못하자 이회의 명성을 시기하는 무리들이 "공사 축조가 부진하고 취약한 것은 이회가 공사 경비를 주색에 탕진했기 때문"이라고 참언, 상소하였기 때문에 이회는 사형에 처하게 되었다. 형장에서 이회는 구차스런 변명은 하지 않고 다만 "사필귀정이니 내가 죽는 순간에 매 한마리가 날아오리라. 매가 오지 않으면 내 죽어 마땅하지만 매가 오면 내 죄가 없느니라"하였다.

　이회가 절명하려는 순간 과연 하늘에서 매 한 마리가 날아와서 곁에 있는 바위에 앉아 절명하는 이회를 슬프게 응시하였다.

　이에 비로소 이회의 죄상을 재검토하고 축성 공사의 자취를 면밀히 조사해본 결과 "공사 경비를 주색에 탕진했다" 함은 전혀 낭설이고 공사가 매우 견고하고 면밀한 것이어서 무고였음이 밝혀졌다.

　심지어 이회는 난공사의 완벽한 추진을 위하여 부인 송씨(宋氏)를 삼남 지방으로 보내 축성 비용을 모으는 등 성의를 다하고 있었던 것이었다. 한편 이회의 부인 송씨는 남편을 돕고자 삼남 지방에서 축성 자금을 마련하여 광주로 돌아오는 길에 송파나루에서 남편 이회의 처형 소식을 듣고 한강물에 몸을 던져 남편을 따라 순사(殉死)하였다.

　그리하여 사람들은 이회의 충성과 무고하게 희생된 원혼을 위무하기 위하여 당(堂)을 짓고 제사를 드렸다. 또 이러한 까닭으로 이 사당을 청계당(淸溪堂), 이 산을 청계산이라 이름하였다.

　남한산(南漢山)은 한강 남쪽에 위치한 산이라 하여 붙여진 이름이며 「고려사」와 「세종실록지리지」에는 "백제 온조왕 13년에 산성을 쌓고 다음해 정월에 옮기면서 남한산성이라고 부른 것이 처음인 것"으로 기록되어 있다.

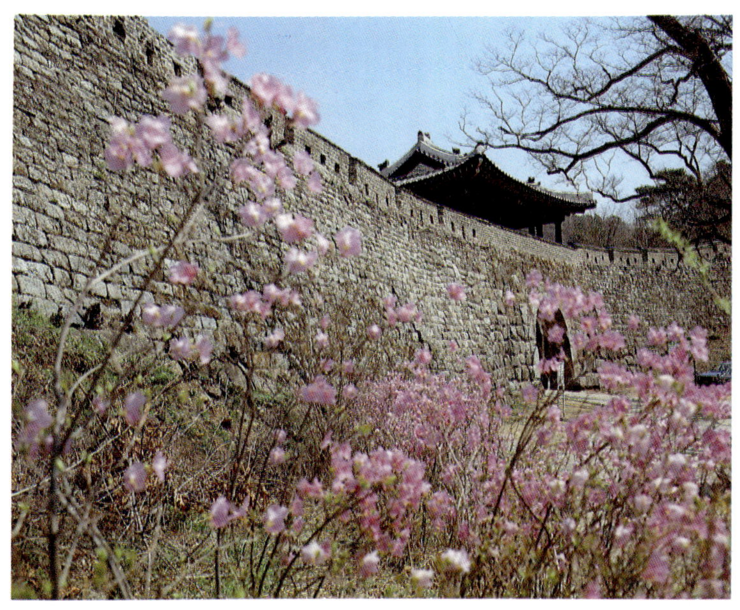

남한산성의 남문과 성벽 남한산성은 조선 선조 28년(1595)에 축조하기 시작하였다. 현재의 성벽은 광해군 때에 시작하여 16대 인조 때에 여러 차례 증수축한 것이다.

수종사

경기도 남양주군 와부면 운길산(雲吉山) 산마루에 수종사(水鍾寺)라는 옛 절이 있다.

멀리서 보면 공중에 떠 있는 것 같기도 하지만 절 마당에 서면 남한강과 북한강의 물이 모여드는 두물머리 일대의 풍경이 발 아래 펼쳐져 있고 멀고 가까운 물구비의 아름다운 경치가 한눈에 들어와 호호탕탕한 감흥을 일으키게 한다. 비록 사찰의 규모는 크지 않지만 사계절 명승지를 찾는 사람들의 발길이 끊이지 않는다.

조선조 제7대 왕인 세조는 그 동안 왕실에서 일어났던 여러 가지 불행한 일들을 생각하며 울적한 심회를 풀기 위하여 지방을 자주 순시하고 명산, 명승지를 유람하였다. 세조는 일부 대신들을 데리고 천하 명산 금강산을 유람하고 돌아오는 길에 남한강과 북한강의 물이 합류하는 양수리에서 하룻밤을 지내게 되었다.

밤이 깊어지자 어디선가 은은한 종소리가 들려왔다. 그렇지 않아도 마음이 불안한 세조는 일정한 간격을 두고 울려퍼지는 이 종소리 때문에 잠을 설치고 말았다. 이튿날 아침, 세조는 주민들을 불러 종소리가 어디에서 들려온 것인가를 물었다.

주민들은 의아하게 생각하지 않을 수 없었다. 근처에 종소리가 들려올 만한 사찰도 없고 또 다른 사람들은 듣지 못한 일이었다. 이에 주민들은 부근에 종소리가 날 만한 곳이 없고 다만 운길산 중턱에 옛 절터가 있을 뿐이라고 사실대로 말하였다.

세조는 이상하게 생각하고 신하들을 시켜 운길산으로 올라가 그 절터를 찾아보게 하였다. 절은 이미 없어진 지 오래고 황량하게 빈터만 남아 있을 뿐이었다. 그러나 자세히 조사해 보니바위굴 속에 물이 떨어지는 소리가 마치 종소리와 비슷하였고 금빛 찬란한 18 나한상이 나타나는 것이었다.

세조는 이를 매우 신기하게 생각하고 그 자리에 절을 새로 짓고 나한상을 모시게 하였다. 그리고 물방울 소리가 종소리같이 들렸다는 뜻으로 절 이름을 수종사(水鍾寺)라 지어 주었다.

그 뒤 수종사는 왕실에서 자주 돌보는 절이 되었고 일반 사람들도 많이 찾아 오늘날까지 한강변의 명소로 널리 알려졌다. 현재의 건물은 창건 4백여 년이 지난 고종 때에 와서 크게 중수한 것이다.

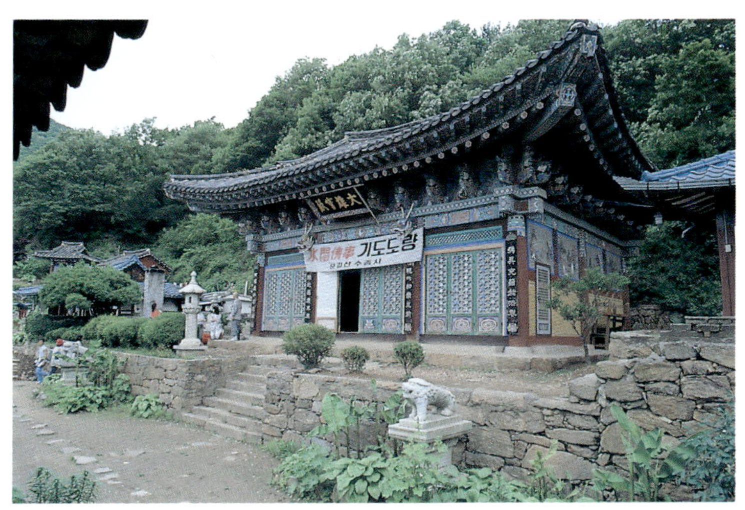

수종사 대웅전　경기도 남양주군 와부면 운길산에 있는 수종사는 세조 때에 크게 증축하여 왕실의 원찰이 되었었다. 현재는 고종 때에 중수한 건물과 고려시대 석탑 등이 남아 있다.

행주산성

　서울 서북쪽 25킬로미터 지점인 고양군 지도면 행주내리에 위치한 행주산성은 높은 성은 아니다. 남동쪽으로 한강 하류의 격류가 구비치는 절벽이며 북서쪽으로 훤하게 틔어 파주, 문산, 벽제관까지도 내려다 볼 수 있는 자연 지세를 이용해서 축성한 요새지이다.

　1593년 2월 12일, 왜장 소서행장, 석전삼성, 흑전장정 등이 3만 명의 대군을 이끌고 행주산성을 여러 겹으로 포위하고 종일토록 9차례에 걸쳐 맹렬한 공격을 가해 왔다. 이때 권율 장군은 불과 2,300명의 군사로 격전 끝에 왜적을 격파해서 패주, 퇴각케 했던 곳으로 국난 극복의 민족 정기가 서린 곳이다.

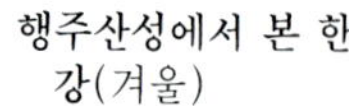
행주산성에서 본 한강(겨울)

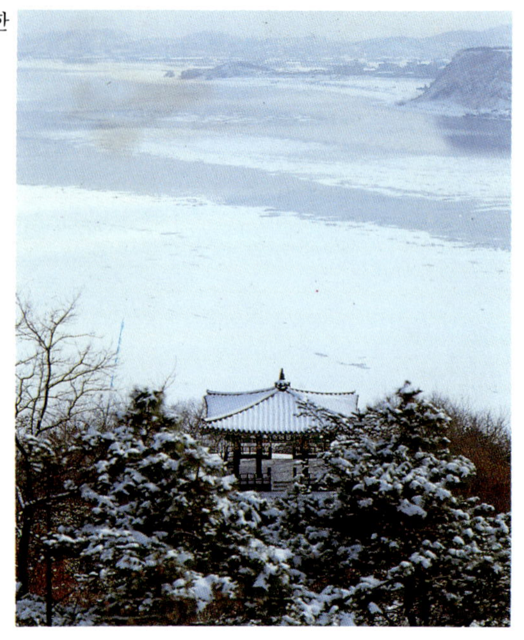

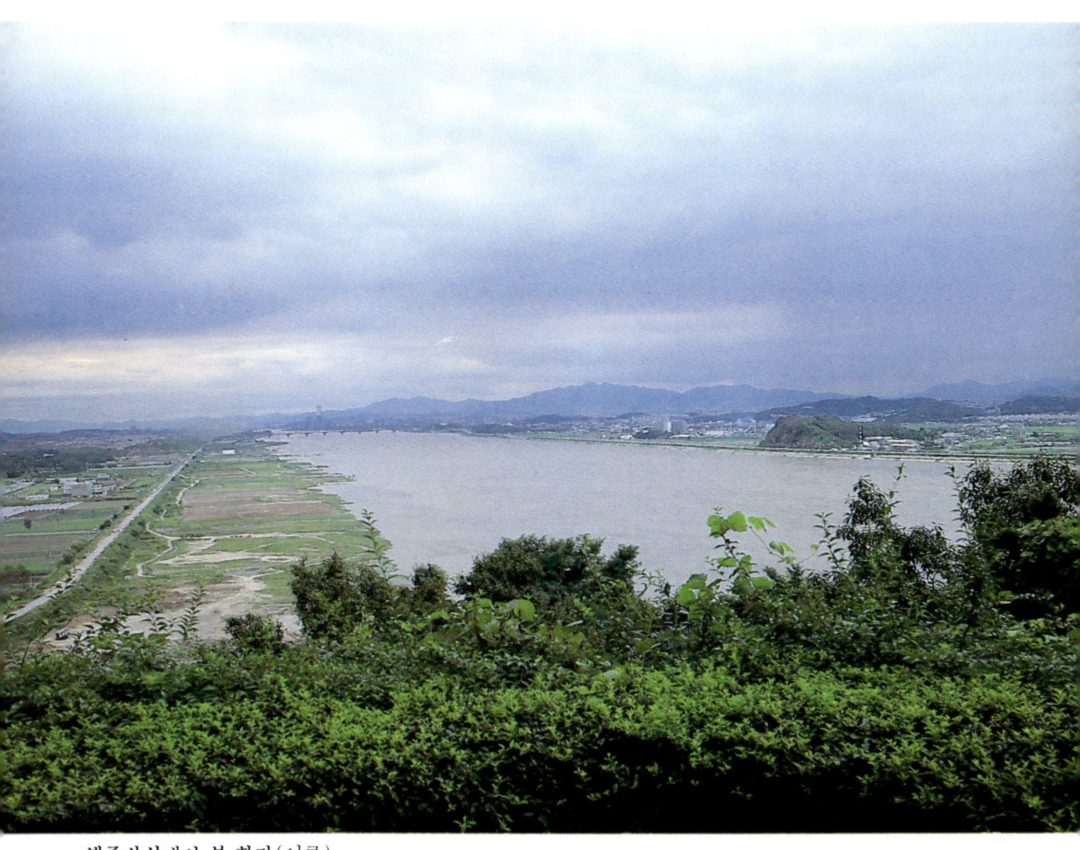

행주산성에서 본 한강(여름)

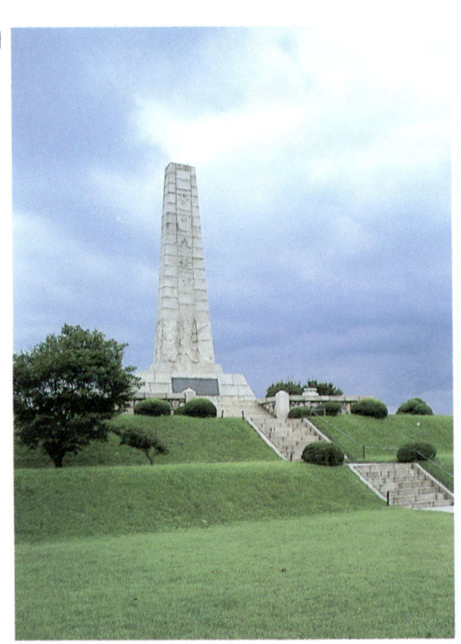

이 전투는 왜군 3만 명이 홍, 백군으로 나누어 산성을 포위하고 모든 전략을 짜서 총공격을 했다. 이때 권율은 친히 사병들에게 주먹밥과 물을 떠다 주는가 하면 남녀 노소 구별없이 총력을 다하여 싸웠다. 특히 부녀자들은 합심하여 치마폭에 석포(石砲)에 쓸 돌을 날라 군민 일체의 방위력을 과시했다.

적은 온종일 공격 끝에 1만여 명의 전사자를 내고 패퇴하고 말았다. 다음날 아침 권율은 왜적이 반드시 복수전을 꾀할 것을 미리 알고 파주로 철군했는데, 이 작전이 적중, 원군까지 함께 몰고 왔던 적군은 완전히 허탕치고 말았다.

동서쪽에 넓은 평야가 펼쳐져 있고 한강변 덕양산(124미터)에 축성된 행주산성은 이순신 장군의 한산 대첩, 김시민 장군의 진주 혈전과 더불어 우리나라 3대첩 전승지의 하나이다.

공암진 나루

옛날 양천에서 행주로 건너가는 곳에 공암진(孔岩津)이라는 나루터가 있었다. 바위가 강 가운데 서 있는데 구멍이 뚫려 있으므로 그렇게 부른 것이다. 「동국여지승람」에는 이 나루에 대해 다음과 같은 일화가 전한다.

　고려 공민왕(1352~1374) 때 이 부근을 지나던 형제가 있었는데 길에서 아우가 황금 두 덩이를 주웠다. 횡재를 한 아우는 형제가 같이 오다 얻은 금이니 나누어 가지는 것이 도리라고 생각되어 금 한 덩이를 형에게 주었다. 형 또한 아우의 호의를 고맙게 받아들여 아우가 주는 금 한 덩이를 받아 고이 간직하였다.

　형제는 각기 금 한 덩이씩 나누어 가진 채 나룻배를 탔다. 배는 미끄러지듯 강 가운데로 나갔다. 그때 아우는 가졌던 황금덩이를 강물에 던졌다. 옆에 있던 형이 깜짝 놀라 그 까닭을 물었다. "귀중한 금덩이를 왜 버리느냐?" 이때 아우가 대답하기를 "평소에 제가 형님 존경하기를 매우 진실하게 하였는데 지금 황금을 나누어 가지고 보니 갑자기 형님을 시기하는 마음이 생깁니다. 그것은 이 황금 때문에 생겼으니 강물에 버려서 잊어버리는 것이 좋을 것 같아 던졌습니다"라고 말하였다. 그 말을 들은 형은 "네 말이 참으로 옳은 말이다"라고 하면서 황금덩이를 강물에 던져버렸다.

　그런데 함께 배를 타고 있던 사람들이 모두 생각이 없는 사람들이어서 그들의 성명과 거주지를 물어 본 사람이 없었기 때문에 이들 착한 마음을 가진 형제의 이름은 전해지지 않았다.

　한편 명나라 사람 진요문(陣耀文)이 지은 「천중기(天中記)」에는 "조선조 때 도성 사람 형제가 양화나루를 건너다가 생긴 일이다"라고 기록되어 있다.

밤섬(栗洲)

"밤섬에서는 친척끼리도 당사자들이 마음만 있으면 서로 시집가고 장가를 간다. 비록 4, 5촌의 근친이라도 아랑곳하지 않는다. 홀아비나 과부가 생기면 따로 혼처를 구할 필요 없이 동거하는 것을 조금도 수치로 생각하지 않는다. 이 섬은 사방이 강물로 싸여 있으므로 이웃한 마을이 없는 까닭에 그들의 소행이 남의 이목에 띄지 않는 것을 이유로 깊고 얕은 강물을 건너 섬을 드나들 때마다 남녀가 서로 끼고 부둥켜 안는 등 음란하기 이를 데 없다"고 밤섬의 특이한 풍속에 대하여 「명종실록」'11년 4월조'에 기록되어 있다.

옛 문헌에 보면 "밤섬(栗洲)은 일명 가산(駕山)이라고도 하는데 섬의 길이가 7리(2.8킬로미터)이며 도성 서남쪽 4킬로미터 되는 마포 남쪽에 있다"하였다. 또 "밤섬은 서강 남쪽에 있는 섬으로 수십 리의 모래로 되어 있으며, 주민들은 부유하고 매우 번창한 편이다. 밤섬에 뽕나무가 있는데 이는 나라의 뽕밭이고 약전(藥田)

밤섬

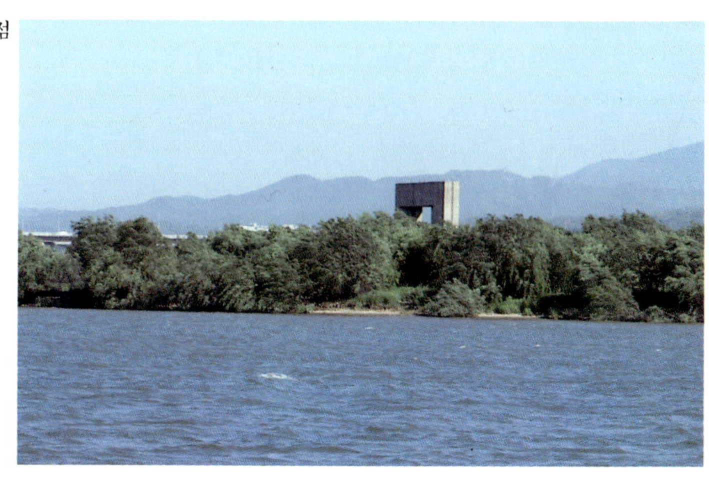

은 지금 내의원에 속해 있는데 혹은 의전감에도 속한다"라고 하였다.

여의도가 1968년 1월부터 개발되면서 한강 하구의 확장으로 유수(流水)를 용이하게 한다는 이유로 모랫벌이던 밤섬을 그해 2월에 폭파하고 말았다. 당시 밤섬의 넓이는 약 5만 8,000평방 미터로 약 3분의 1 정도의 사유지에서 17대를 살아 온 443명의 주민들 중에는 마(馬), 판(判), 인(印), 석(石), 선(宣)씨 등 희성이 많았다. 고기잡이와 도선으로 생활하던 이들은 와우산 기슭에 연립 주택을 짓고 이주하였다.

밤섬은 돌산이었기 때문에 여의도 방죽을 쌓을 때 11만 4,000입방 미터의 잡석과 14만 7,500입방 미터의 흙을 이용할 수 있었다.

머머리섬(留島)

경기도 김포군 월곶면 보구곶리 북쪽 한강 하구에 위치한 유도(留島)는 옛날 홍수에 떠내려 오다가 이곳에 머물렀다고 전해오며 '머머리섬', '머머리', '머머루', '머머루섬'이라고도 부른다.

섬 모양이 마치 개가 누워 있는 모양으로 되어 머리, 몸, 네 개의 발이 뚜렷하게 구분이 된다. 입과 코 모양 부분에 높고 깊은 동굴이 있어서 사람이 서서 들어갈 수 있고 밑은 바닷물이 드나드는데 큰 이무기가 살았다고 한다. 이곳에서 바라보면 여덟 곳의 바다가 우물같이 보이므로 '팔정지하구묘(八井之下九墓)'라 하여 유명한 곳이다.

여름철 한강 상류에서 홍수가 나면 여러 가지 것들이 떠 내려와 이 섬에 머무는데 그 가운데 뱀이 특히 많다고 한다. 옛날 이 섬에 자유로이 드나들었을 때는 뱀을 잡으러 땅꾼들이 붐볐다 한다.

현재는 군사분계선 안에 있어 사람들은 드나들 수 없으나 자유스럽게 날아다니는 학을 비롯하여 왜가리, 두루미 등의 조류들에게는 이 섬이 조용하고 먹을 거리인 뱀들이 많아서 지상의 낙원이라 할 수 있다.

왕봉하(王峰河)와 한씨(漢氏) 미녀

현재 경기도 고양군은 본래 백제의 계백현(皆白縣)인데 문주왕(文主王) 원년에 고구려가 취하게 되어 왕봉현(王峰縣)으로 고쳤다. 뒤에 신라로 돌아가 경덕왕 16년에 우왕(遇王)으로 고쳐 한양군 영현(領縣)이 되었다. 이러한 까닭으로 고양군 행주 앞, 한강 하류를 왕봉하라 부른다.

옛날, 행주에 한씨(漢氏) 성을 가진 어여쁜 처녀가 살고 있었다. 우연한 기회에 낯모르는 청년과 눈이 맞아 사랑하게 되었고 혼인까지 약속한 사이가 되었다. 이 청년은 고구려의 왕자로서 피치 못할 사정이 있어 고국을 탈출, 이곳에 이르러 유랑 생활을 하고 있었다. 그런데 고국으로부터 소식이 오기를 부왕이 위독하다는 것이었다. 이에 청년은 한씨 처녀에게 돌아가서 왕위에 오르면 처녀를 데리러 오기로 약속하고 고구려로 떠났다.

그가 떠난 뒤 새로 부임한 고을 태수가 처녀에게 결혼을 강요하였으나 한사코 이를 거절하자 태수는 처녀가 적국인 고구려의 사내와 정을 통했다는 죄명으로 그녀를 옥에 가두었다. 시간이 지나도 한씨 처녀의 절개를 꺾을 수 없음을 알게 된 태수는 그녀를 처형하려고 하였다.

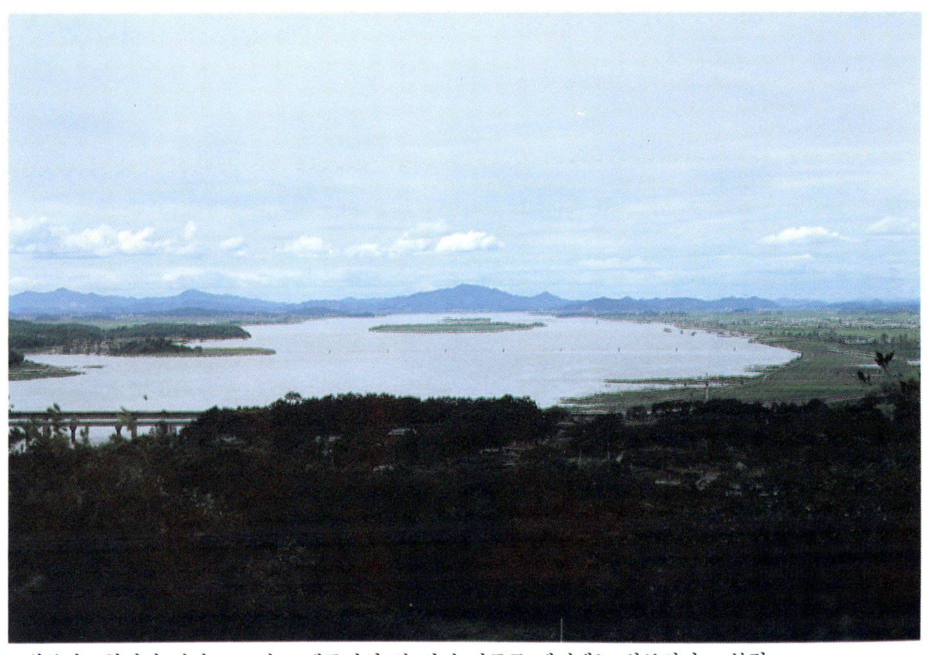

왕봉하 현재의 경기도 고양군 행주산성 앞 한강 하류를 예전에는 왕봉하라고 불렀
다.

형장에 끌려나가서 막 처형하려고 할 때 굿쟁이로 변장한 고구려
군의 결사대가 태수를 죽이고 한씨 처녀를 구출했다. 한씨 처녀는
마침내 안장왕이 된 고구려의 왕자와 극적으로 상봉하게 되었으므
로 이곳을 왕봉현이라 하게 되었다.

이러한 내용은「삼국사기」와「동국여지승람」등의 문헌에 기록되
어 있다.

조강포 애기봉

한강의 하류 조강포(祖江浦)는 한강을 건너기 위해 나룻배를 기다리는 손님들과 개경이나 한양으로 세미(稅米)를 싣고 가기 위해 물참(滿潮) 시간을 기다리는 조선(漕船)의 사공들이 모이는 큰 포구였다.

특히 조세를 납부하는 철이 되면 전국 각지에서 모여든 배와 사공들로 붐볐으며 주막과 음식점, 숙박 업소들이 성시를 이루었다.

고려 중기, 이곳 조강포의 풍성함을 듣고 멀리 평양에서 예쁘고 어린 기생이 찾아왔다. 이 기생은 얼마되지도 않아 갑자기 인기가 높이 치솟아 조강포 사공들 사이에 널리 알려지게 되었다. 그러나 '미인 박명'이라는 말도 있듯 이 평양 기생은 병이 들어 죽음 직전에 이르게 되었다.

이 기생은 문병 온 사람들에게 "내가 죽거든 내 고향 땅이 보이는 저 앞산 꼭대기에 묻어 주시오"라는 유언을 남기고 운명하였다.

이렇게 하여 마을 사람들과 사공들이 합심하여 그 산정(山頂)에 평양 기생을 묻어 주었다.

그 뒤부터 이 산을 "사랑스런 기생이 묻힌 산봉우리"라는 뜻으로 애기봉(愛妓峰)이라 부르게 되었다.

일설에는 평양 감사가 어린 기생을 데리고 경치 좋은 한강 하류 조강포에 유람왔다가 기생이 죽자 이 산에 묻었다고 하여 생긴 이름이라고도 한다.

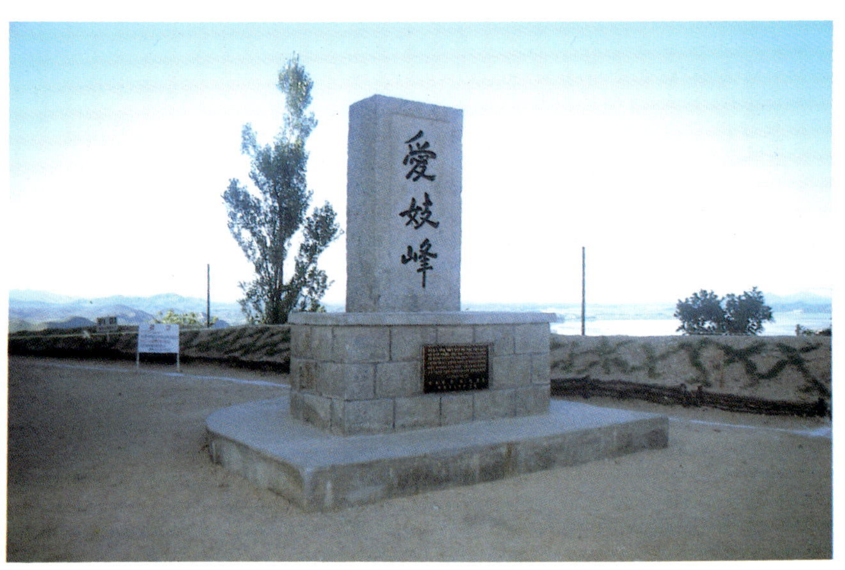

애기봉(愛妓峰) 표석 한강의 하류 조강포는 한강을 건너기 위해 나룻배를 기다리는 손님들과 개경이나 한양으로 세곡을 싣고 가기 위해 물참 시간을 기다리는 조선의 사공들이 모이는 큰 포구였다. 이 조강포의 산정이 애기봉이다.

참고 문헌

〈고전〉

김부식 「삼국사기」(국역본) 명문당, 1960.
석일연 「삼국유사」(최남선 주) 민중서관, 1954.
정인지(외) 「세종실록지리지」 경문사, 1974.
정인지(외) 「세종실록지리지 색인」 조선총독부, 1937.
정인지(외) 「교정 경상도지리지」 조선총독부, 1938.
정인지(외) 「고려사지리지」 동방학연구소, 1955.
고전국역총서 「고려사절요」 민족문화추진회, 1968.
최항(외) 「경국대전」 조선총독부중추원, 1937.
김재노 「소대전」 조선총독부중추원, 1938.
노사신(외) 「동국여지승람」 고전간행회, 1970.
심상규(외) 「만기요람(萬機要覽)」 조선총독부중추원, 1937.
조두순 「대전회통」 동국문화사, 1957.
유형원 「반계수록」 동국문화사, 1958.
박용대(외) 「증보문헌비고」 동국문화사, 1964.
나만갑 「병자남한일기(丙子南漢日記)」 고전간행회, 1958.
홍양한(외) 「여지도서(輿地圖書)」 상, 하, 국사편찬위원회, 1973
김정호 「대동지지」 한대부설국학연구원, 1974.
김정호 「대동여지도」「청구도」 민족문화추진회, 1971.
이중환 「택리지」 삼중당 문고, 1975.
이긍익 「연려실기술」 민족문화문고간행회, 1966.
이익 「성호사설」 민족문화문고간행회, 1976.
정약용 「아언각비」 일지사, 1976.
이행 「용재집(容齋集)」
성현 「용재총화」
맹사성(외) 「신찬팔도지리지」 1432.
박세당 「산림경제지」
삼국지「위서」'동이전 한전조(韓傳條)'
안정복 「동사강목」(국역본) 민족문화추진회, 1979.
유본예 「한경지략(漢京識略)」 1830.
조두순 「대전회통」 한국고전국역위원회, 1960.
서거정 「동문선」 고서간행회, 1914.
하륜(외) 「조선왕조실록」 동방문화연구소, 1953.
권조로 「한국지명연혁고」 동국문화사, 1961.

〈현대 문헌〉

강대현(외) 「한강사」서울특별시, 1985.
정재도외 「지명유래집」건설부 국립지리원, 1987.
이형석 「한국의 하천」홍익재, 1989.
건설부 「한국하천일람」종문사, 1982.
임시토지조사국편 「조선지지자료」1918.
한글학회 「한국지명총람」서울편(외) 1965.
황재기(외) 「한국지지」건설부 국립지리원, 1984.
서찬기(외) 「한국지명요람」건설부 국립지리원, 1982.
달레(외) 「한국지」한국정신문화연구원, 1984.
이홍식 「국사대사전」일중당, 1978.
심현 「한국사대관」학영사, 1976.
김형규 「국어사연구」일조각, 1974.
시사(市史) 편찬회 「서울특별시사」서울특별시, 1965.
내무부 「지방행정구역발달사」내무부, 1979.
내무부 「지방행정구역요람」내무부, 1983.
내무부 「행정지명사」내무부, 1982.
최남선 「조선상식문답」삼성문화재단, 1972.
경기도 「경기도지」상, 중, 하, 경기도, 1958.
지석영 「전선명승고적(全鮮名勝古蹟)」동문관, 1929.
강구진(외) 「동아원색세계대백과사전」동아출판사, 1982.
강명순(외) 「세계백과대사전」학원사, 1966.
조태현 「세계인명대사전」교육출판공사, 1984.
이희승 「국어대사전」민중서림, 1982.
한글학회 「새한글사전」한글학회, 1977.
이영택 「한국의 지명」태평양, 1986.
손성우 「한국지명사전」경인문화사, 1974.
김기빈 「한국의 지명 유래」지식산업사, 1986.
김기빈 「한국 지명의 신비」지식산업사, 1989.
박영준 「한국의 전설」한국문화도서출판사, 1972.
서울특별시 「한강」서울특별시, 1986.
한창기(외) 「한국의 발견」뿌리깊은나무, 1983.
한국일보사 「한국의 여로」한국일보사, 1981.
한국관광공사 「한국관광자원총람」고려서적, 1985.
최일남(외) 「한국의 여행」중앙서관, 1983.
김주환(외) 「한강대탐사결과보고서」한국하천연구소, 1989.

〈지형도〉

축척 1:50,000 및 25,000 '지형도', 국립지리원.

빛깔있는 책들 301-7

한강

글	—이형석, 김주환
사진	—이홍배, 송일봉

회장	—차민도
발행인	—장세우
발행처	—주식회사 대원사

주간	—박찬중
편집	—김한주, 신현희, 조은정, 황인원
미술	—차장/김진락 윤용주, 이정은, 조옥례
전산사식	—김정숙, 육양희, 이규헌

첫판 1쇄 —1990년 10월 30일 발행
첫판 5쇄 —2001년 8월 31일 발행

주식회사 대원사
우편번호/140-901
서울 용산구 후암동 358-17
전화번호/(02) 757-6717~9
팩시밀리/(02) 775-8043
등록번호/제 3-191호
http://www.daewonsa.co.kr

이 책의 저작권은 주식회사 대원사에 있습니다. 이 책에 실린 글과 그림은, 저자와 주식회사 대원사의 동의가 없 이는 아무도 이용하실 수 없습니다.

잘못된 책은 책방에서 바꿔 드립니다.

값 13,000원

© Daewonsa Publishing Co., Ltd.
Printed in Korea(1990)

ISBN 89-369-0099-4 00980

빛깔있는 책들

민속(분류번호 : 101)

고미술(분류번호 : 102)

불교 문화(분류번호 : 103)